Pasta *für* NACHTIGALLEN

Pasta *für* NACHTIGALLEN

EIN HANDBUCH *über* VOGELPFLEGE *aus dem* 17. JAHRHUNDERT

Vorwort von

Helen Macdonald

Autorin des Bestsellers H wie Habicht

GERSTENBERG

ROYAL COLLECTION TRUST

HINWEISE FÜR DEN LESER

Das Buch *Pasta für Nachtigallen* vereint die Texte einer ornithologischen Abhandlung aus dem Jahr 1622 mit den originalen kolorierten Vogelzeichnungen, die als Grundlage für ihre Illustrationen dienten. Die Zeichnungen sind eine Auswahl derer, die für das sogenannte Papiermuseum von Cassiano dal Pozzo gefertigt wurden und heute in der Royal Library auf Schloss Windsor verwahrt werden. Cassiano dal Pozzo (1588–1657) war einer der produktivsten und unermüdlichsten Förderer von Kunst und Wissenschaft im Italien des 17. Jahrhunderts. Sein Papiermuseum war das außerordentlich kühne Vorhaben, jedes Fachgebiet, das sein Interesse weckte, gewissenhaft aufzuzeichnen. Dies umfasste auch zahlreiche Aspekte der Naturkunde, einschließlich der vorliegenden Vogelzeichnungen des Künstlers Vincenzo Leonardi (1589/90–1646). Bis auf zwei der in diesem Buch gezeigten Vogelstudien hat Leonardi alle anderen gezeichnet.

Der Text ist Giovanni Pietro Olinas *Uccelliera* (vollständiger Titel: *L'Uccelliera, ovvero discorso della natura e proprietà di diversi uccelli, Rom 1622*) entnommen. Auszüge aus diesem Werk wurden in diesem Buch erstmalig übersetzt. Sie werden den entsprechenden Illustrationen, die Cassiano dal Pozzo als Förderer Olinas eigens als Illustrationen zu der Abhandlung in Auftrag gab, zur Seite gestellt.

Die *Uccelliera* basierte zum Teil auf einer früheren ornithologischen Abhandlung von Antonio Valli da Todi mit dem Titel *Il canto degl'augelli* (dt. »Der Gesang der Vögel«, Rom, 1601), aus der etliche Illustrationen übernommen wurden. Darunter befinden sich viele Drucke zu Jagd- und Volgelfangszenen anderer Künstler, von denen auch einige in diesem Buch abgedruckt sind.

Die Übersetzung möchte einen Eindruck des im Original verwendeten Sprachgebrauchs des 17. Jahrhunderts vermitteln. Dies gilt insbesondere für die Vogelnamen. Daher decken sich diese nicht immer mit denen, die moderne Ornithologen für die jeweils beschriebene Art verwenden würden (siehe etwa die abweichenden Bezeichnungen auf den Seiten 86 und 87). Die modernen Vogelnamen sind beispielsweise in den Bildunterschriften zu den Aquarellen zu finden. Im Register werden neben den Trivialnamen zusätzlich auch die wissenschaftlichen Namen der abgebildeten Vögel aufgeführt. Diese sind dem Werkverzeichnis der Royal Collection entnommen, das alle ornithologischen Zeichnungen erfasst, die Leonardi und andere Künstler im Auftrag Cassianos fertigten (*The Paper Museum of Cassiano dal Pozzo: A Catalogue Raisonné*, Teil B. IV–V, 2017). Die dort aufgezeichneten Vogelbestimmungen wurden von den Ornithologen Carlo Violani und Edward Dickinson vorgenommen.

Die Zeichnungen in diesem Buch sind nicht in Originalgröße oder -maßstab abgebildet. In einigen Fällen wurde die Ausrichtung geändert und alle Zeichnungen wurden im Bildausschnitt verändert. Letzteres betrifft auch die Bildbeschreibungen aus dem 17. Jahrhundert, die die Vogelnamen auf Italienisch und Lateinisch wiedergeben. Auch insofern sind die originalen Abmessungen nicht beibehalten. Die Zeichnungen weichen in ihrer Größe voneinander ab, überschreiten jedoch grundsätzlich nicht eine Größe von 160 x 200 Millimetern, da sie bereits zugeschnitten wurden, nachdem sie im 18. Jahrhundert in die Sammlung Georgs III. aufgenommen wurden. In dieser Zeit, als die Zeichnungen gerahmt wurden, erlitten viele einen Wasserschaden, der auch an etlichen der hier gezeigten Illustrationen heute noch zu erkennen ist. In allen Fällen wurden die Stiche in der *Uccelliera* seitenverkehrt zur Originalzeichnung angefertigt. Bei den meisten davon handelte es sich, wie Olina ausdrücklich betonte, um Abbildungen in Lebensgröße. Die Originalillustrationen sind auf der Website der Royal Collection (www.royalcollection.org.uk/collection) unter der entsprechenden Inventarnummer (Royal Collection Inventory Number, RCIN) online verfügbar.

Inhalt

Vorwort *von Helen Macdonald* VI

PASTA FÜR NACHTIGALLEN 1

Register 130

Danksagung 133

Vorwort

HELEN MACDONALD

VERSETZEN SIE SICH IN ein Künstleratelier im Rom des 17. Jahrhunderts. Ein junger Mann names Vincenzo Leonardi zieht konzentriert die Augenbrauen zusammen, während er dünne Schichten von Aquarellfarbe über eine Zeichnung in schwarzer Kreide legt – vor ihm der Vogel, den er gerade abbildet: ein Steinsperling. Wie bei allen Vögeln, die er im Rahmen dieses Auftrags zeichnen soll, ist seine Vorlage real. Vielleicht ist der Vogel bereits tot, ein kunstvoll ausgestopftes Präparat, gekauft von einem Vogelfänger auf einem Markt. Vielleicht ist es aber auch ein lebend gefangenes Exemplar, zur genauen Betrachtung in einen Käfig gesperrt. Oder es handelt sich sogar um einen von Hand aufgezogenen Sperling, der zahm genug ist, dass er sein Gefieder putzt, während der Künstler seine Merkmale detailgetreu festhält. Die Geschichte dieses Tieres werden wir nie erfahren. Doch durch die Ausgestaltung des Gefieders und die Art und Weise, wie Leonardi es mit Bleiweiß ausarbeitet und ihm schließlich mit einer Lasur Gummiarabikum Tiefe verleiht, wird die Lebendigkeit des echten Vogels auf wunderbare Weise zu neuem Leben erweckt. Betrachtet man diese Zeichnung, könnte man meinen, der Sperling könne jeden Moment aus dem Papier herausspringen und zwitschernd zurück in die Bergregionen fliegen, aus denen er stammt.

Pasta für Nachtigallen ist die deutsche Erstübersetzung einer italienischen Abhandlung von Giovanni Pietro Olina aus dem Jahr 1622 mit dem Titel *Uccelliera* (»Die Voliere«) und dem Untertitel »[Eine] Abhandlung über die Natur und die besonderen Charakteristika verschiedener Vögel, insbesondere der Singvögel, nebst Fang, Bestimmung, Aufzucht und Haltung«.[1] Das Buch, illustriert mit sorgfältig angefertigten Stichen, die weitgehend auf Leonardis Zeichnungen basieren, ist mehr als nur ein Almanach für Vogelhalter. Dem Mann, der es in Auftrag gab, dem Gelehrten und Kunstmäzen Cassiano dal Pozzo, diente es als Antrittsbeitrag anlässlich seiner Aufnahme in die *Accademia dei Lincei*. Diese »Akademie der Luchsäugigen« (*also* »*Scharfsichtigen*«) war eine ausgewählte Gruppe von Männern, die durch eifrige und gewissenhafte Beobachtung Erkenntnisse über das Wesen der Natur zu erlangen suchte. Die Beauftragung realistischer Darstellungen von naturwissenschaftlichen Objekten, gefertigt von erfahrenen Künstlern, gehörte zu ihrer wissenschaftlichen Vorgehensweise. Und so trug Cassiano bis zu seinem Lebensende eine Sammlung zusammen, die er *Museo Cartaceo* (Papiermuseum) nannte. Dieses umfassende Verzeichnis verschiedener Sachgebiete von der römischen Antike über eigentümliche Pilze, missgestaltete Zitrusfrüchte und Fossilien bis hin zu Meeresfischen, Säugetieren und Vögeln wurde zu einer hochgeschätzten Quelle für wissenschaftliche Studien und Debatten.

Georg III. von Großbritannien erwarb 1762 einen Großteil dieser Sammlung. Heute gehört diese zur Royal Collection. Darunter befinden sich auch jene Vogelzeichnungen, die diesem Buch zugrunde liegen.

Moderne Wissenschaftler sehen in Olina, der ein Hausangestellter Cassianos war, eher eine Art Herausgeber der *Uccelliera* als ihren alleinigen Autor. Ein Teil des Werks basiert auf einer früheren Arbeit von Antonio Valli da Todi, doch man nimmt an, dass viele Texte von Cassiano selbst verfasst wurden. Er und sein jüngerer Bruder waren eifrige und sachkundige Vogelliebhaber und hielten auf ihrem Anwesen in Rom so unterschiedliche Arten wie Flamingos, Bartgeier, Reiher und Papageien.

Die *Uccelliera* ist in vieler Hinsicht einzigartig. Beispielsweise ist sie ein Produkt der wissenschaftlichen Revolution – ein Buch, das zuvor nicht hinterfragte Auffassungen über Vögel widerlegt und stattdessen das Augenmerk auf eine »exakte Kenntnis der Natur, erlangt durch genaue Beobachtung und Betrachtung«, richtet. Federico Cesi, der Gründer der *Accademia dei Lincei*, rühmte die Illustrationen der Vögel zu diesem Buch als großartige Veranschaulichungen der dargestellten Themengebiete, die mit nichts zu vergleichen waren, was er je zuvor gesehen hatte. Er beschrieb die *Uccelliera* als »zweifellos von

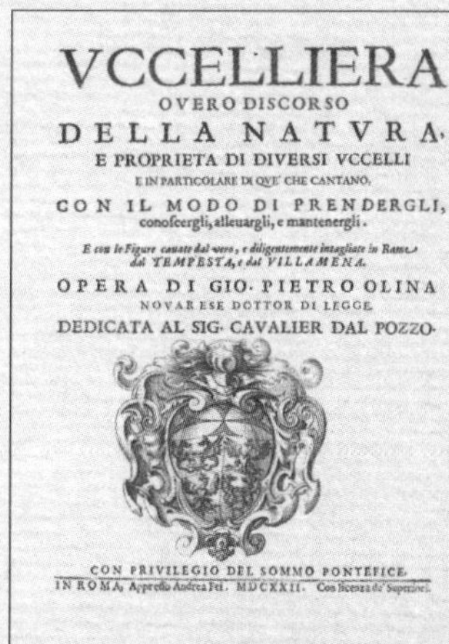

VCCELLIERA
OVERO DISCORSO
DELLA NATVRA,
E PROPRIETA DI DIVERSI VCCELLI
E IN PARTICOLARE DI QVE' CHE CANTANO,
CON IL MODO DI PRENDERGLI,
conoscergli, alleuargli, e mantenergli.
E con le Figure cauate dal vero, e diligentemente intagliate in Rame dal TEMPESTA, e dal VILLAMENA.
OPERA DI GIO. PIETRO OLINA
NOVARESE DOTTOR DI LEGGE.
DEDICATA AL SIG. CAVALIER DAL POZZO.
CON PRIVILEGIO DEL SOMMO PONTEFICE.
IN ROMA, Appresso Andrea Fei. MDCXXII. Con licenza de' Superiori.

Titelblatt der *Uccelliera*

großem Nutzen für die Naturkunde, als eine wichtige Basis und Fundament einer offenen und fortschrittlichen Weltanschauung«.[2]

Zugleich ist diese Abhandlung jedoch auch ein faszinierendes Fenster zu einer längst verloren geglaubten Welt. Heute sind die meisten von uns der Auffassung, dass man Vögel in der freien Natur beobachten sollte, und betrachten das Halten von Vögeln als weit entfernt von jeglicher wissenschaftlichen Ornithologie. Daher erscheint uns der Umgang mit Vögeln im Italien des 17. Jahrhunderts oft merkwürdig: Viele Arten wurden damals sowohl als wohlklingende Singvögel, aber auch als kulinarische Delikatessen und für den Menschen nützliche Heilmittel geschätzt. Es war eine Zeit, in der man gefangene Rotkehlchen mit Ginsterblüten fütterte, um sie bei fröhlichem Gemüt zu halten, als Kiebitze ihrer Schönheit und ihres Nutzens bei der Schädlingsbekämpfung wegen in Gärten gehalten wurden und als getrocknete Lerchenherzen, an Seidenbänder genäht und nahe am Körper getragen, zur Heilung von Koliken beitragen sollten. In diesem Buch finden sich Anleitungen, wie man einen Uhu für die Jagd auf andere Vögel nutzt, wie man einen Eisvogelbalg konserviert, um damit sein Heim zu dekorieren und zu verschönern, und wie man junge Finken mit selbst zubereiteten Kügelchen aus Walnüssen und Marzipan füttert. Dieses Buch ist voll von amüsanten und ungewöhnlichen Details: Vor seiner Lektüre hätte ich mir beispielsweise nie vorstellen können, dass man Zeisige dazu abrichten kann, beim Klang einer Rassel oder einer Glocke auf die Hand zu kommen.

Die *Uccelliera* ist außerdem Teil einer kontinuierlichen Tradition der europäischen Vogelzucht. Auch wenn die Welt, in der Cassiano lebte, heute nicht mehr existiert, gibt es die in diesem Buch beschriebenen Vogelarten sehr wohl immer noch. Und auch ihre besondere Faszination auf heutige Vogelhalter hat sich als beständig erwiesen. So erinnert mich beispielsweise Cassianos leidenschaftliches Interesse an Singvögeln mit einem ungewöhnlichen Federkleid daran, als ich vor einigen Jahren eine Gruppe von Männern auf einer Vogelausstellung beobachtete: Sie boten einige Hundert Pfund

für einen Stieglitz, dessen Gefieder mit Flecken in reinstem Weiß gesprenkelt war. Vermutlich wäre Cassiano von diesem Vogel ebenso fasziniert gewesen. Dieses Buch zeigt uns, dass schon die Vogelhalter des 17. Jahrhunderts von Singvögeln begeistert waren, die lernen konnten, Gesang und Ruf anderer Arten zu imitieren. Diese Faszination ist auch bei heutigen Vogelhaltern noch vorhanden, die ihre Kanarienvögel und Finkenhybriden trainieren, indem sie ihnen YouTube-Videos und digitale Audiodateien vorspielen, auf denen andere Vögel zu hören sind.

Und schließlich erinnert uns die *Uccelliera* an die Naturschätze, die uns verloren gegangen sind und die wir immer noch Tag für Tag verlieren. »Im ländlichen Umland von Rom«, so schreibt Olina, »fängt man [...] täglich eine unschätzbar große Zahl [von Wachteln]«. Diese schiere Fülle an Vögeln, die Cassiano, Olina, Leonardi und ihre Zeitgenossen erlebt haben müssen, lässt sich heute kaum mehr vorstellen. In weniger als meiner eigenen Lebenszeit sind 420 Millionen Vögel aus den Wäldern, Feldern und Hügeln Europas verschwunden. Die *Uccelliera* ist somit nicht nur Zeugnis einer längst vergangenen Methode, die Welt zu katalogisieren, sondern auch einer verloren gegangenen ökologischen Vielfalt. Und, vielleicht am bewegendsten: Sie ist eine Denkschrift für jeden der Vögel, die Leonardi zeichnete – kleine Lebewesen, die vor fast 400 Jahren sangen, hüpften und in der Sonne ihre Schnäbel wetzten und deren Nachkommen auch heute noch fliegen.

---

oben **Ein als Stier getarnter Jäger nähert sich einer Gruppe Rebhühner.** Detail von einem Stich aus Giovanni Pietro Olina: *Uccelliera*, 1622, fol. 56v
links **Rotkehlchen.** Stich aus Giovanni Pietro Olina: *Uccelliera*, 1622, fol. 15v

1 D. Freedman, *The Eye of the Lynx: Galileo, His Friends, and the Beginning of Modern Natural History*, 2002, S. 54–55

2 P. Findlen, »Cassiano dal Pozzo: A Roman Virtuoso in Search of Nature« in *Birds, Other Animals and Natural Curiosities*, Teil B. IV–V aus *The Paper Museum of Cassiano dal Pozzo: A Catalogue Raisonné*, I, 2017, S. 18–46

Pasta *für*
NACHTIGALLEN

Über die KOHLMEISE ODER *Brandmeise*

DIESER KLEINE VOGEL wird auf Lateinisch *Parus major* genannt und auch *Parus fringillago* [oder Ochsenaugenmeise]. Mundartlich heißt er in Rom *Spernuzzola*, in der LOMBARDEI *Parussola* und in der Toskana überaus treffend nach seinem Ruf *Cincinpotola*. Im Piemont nennt man ihn SCHWARZKAPPE, weil der größte Teil seines Kopfes schwarz ist. Neben der oben erwähnten gibt es ZWEI weitere Arten, die sich voneinander unterscheiden. Eine wird wegen ihres langen Schwanzes *Parus caudatus* [Schwanzmeise] genannt. Eine andere heißt in Rom *Potazzina* [Blaumeise] … Ihr Kopf ist fast durchgehend weiß und der restliche Körper überwiegend türkisfarben oder von tiefem TÜRKISBLAU …

Die ersten drei Arten findet man beinahe in jedem Land. Man sieht sie dort zu jeder Jahreszeit, ebenso in den Gärten der WOHNSTÄTTEN von Menschen … Zusätzlich zu seinen Flügeln gebraucht der Vogel seine Krallen, um sich damit an *Mauern* und *Bäumen* festzuhalten. Die Kohlmeise ist ein mutiger kleiner Vogel, der seine Jungen mit großer *Furchtlosigkeit* gegen andere Vögel verteidigt …

Man fängt ihn entweder mit der SCHLINGE, mit einem sogenannten Fangkäfig, mit aufgestellten Netzen oder mit einer Falle, bei der um einen mit Laub abgedeckten Käfig mit einem Lockvogel herum LEIMRUTEN angebracht werden. Weil der kleine Vogel große Zuneigung zu seinesgleichen hegt, fliegt er auf den Ruf eines *Kameraden* sogleich zu diesem hin und gerät so in Gefangenschaft … Sein Ruf ist häufig unangenehm, denn er erinnert an QUIETSCHEN bzw. das Geräusch eines *rostigen Riegels*.

Kohlmeise
Aquarell- und Deckfarbe
über schwarzer Kreide,
RCIN 927621

Über den WIEDEHOPF

IN UNSERER VORLIEGENDEN Abhandlung wird, einer Laune folgend, auch dieser Vogel aufgenommen, denn es handelt sich bei ihm um einen unserer schönsten Vögel. Auf Lateinisch heißt er *Upupa* und im Volksmund HUPUP. Sein Körper ist nicht größer als der einer gewöhnlichen Drossel. Den Kopf ziert eine Federhaube, die er ständig *aufstellt* und *senkt*, AUFFÄCHERT und zusammenklappt, wie es ihm gefällt …

Es heißt, dass er jedes Jahr die *Federn* wechselt und aus diesem Grund eine GEWISSE ZEIT nicht zu sehen ist. Der Wiedehopf fliegt fast bedächtig und sein Flug erinnert an *Hopsen* und *Sprünge* in der Luft … Er nährt sich von WÜRMERN, Ameisen und *Raupen* sowie von reifen WEINBEEREN. Diese frisst er in solchen Mengen, dass er zuweilen benommen und *angetrunken* ist. Einigen Autoren zufolge nimmt er, um sich davon Erleichterung zu verschaffen, einen Wedel *Adiantum* [FRAUENHAARFARN] in seinen Schnabel. Andere behaupten, dass er dieses Kraut auch als Heilmittel und zum Schutz seiner Jungen in sein Nest legt. Die Araber haben unzählige *Unwahrheiten* über diesen Vogel ge-

Gemeiner Wiedehopf
Aquarell- und Deckfarbe
über schwarzer Kreide,
RCIN 927682

➳ FORTSETZUNG

schrieben: So soll, wer sich die SCHLÄFEN mit seinem Blut WASCHE, angeblich *wundersame* Dinge im Schlaf sehen. Ein am Körper getragenes Wiedehopfauge solle LEPRA heilen und sein Balg, auf dem Kopf befestigt, Schmerzen desselben beseitigen – und viele weitere *unglaubliche* Dinge mehr …

Gemeiner Wiedehopf (»*Bubbola*«)
Stich aus Giovanni Pietro Olina: *Uccelliera*, 1622, fol. 35v

Über die WACHTEL

DIE WACHTEL, AUF lateinisch *Coturnix* genannt, ist höchstens halb so groß wie ein *Rebhuhn*. Hinsichtlich Größe, Färbung und Erscheinung gleicht sie Letzterem in vielerlei Weise. Im Frühling findet man die Vögel auf den GRÜNENDEN WEIDEN, im Sommer inmitten der gereiften Saat und auch zwischen den Stoppeln der abgeernteten Felder. Die Wachtel ist ein Zugvogel, der Anfang April aus der *Levante* zu uns kommt und gegen *Sommerende*, spätestens Mitte HERBST dorthin zurückkehrt. Etliche, die zu schwer zum Überqueren des Meers sind, bleiben in unseren Landen in den Sumpfgebieten der MAREMMA …

Sie halten sich stets am Boden auf und nisten dort sogar, wie es auch vom REBHUHN berichtet wird. Es heißt, dass sie fünfzehn bis sechzehn Eier legen. Sie ernähren sich von *Samen* und mancherlei Pflanzengrün, wobei sie *Hirse* allem anderen vorziehen. Auch fressen sie die Samen der *Nieswurz*, vermutlich aus einem ihnen angeborenen natürlichen Trieb, damit er ihre FALLSUCHT kuriert, an welcher sie wegen der Feuchtigkeit ihres Gehirns leiden … Man mästet sie in Pferchen oder eigens gebauten Ställen, wo man ihnen Hirse und Getreide, bisweilen auch *Hanfsamen*, füttern sollte. Man muss ihnen oft frisches Wasser geben und ihre Tränke säubern. Überall, wo man Getreide und Viehfutter anbaut, fängt man sie in großer Zahl. Im ländlichen Umland von ROM, bei NETTUNO, fängt man bei ihrer Ankunft täglich eine *unschätzbar große* Zahl. ➳

➳ FORTSETZUNG

Ihre Eier dienen demselben Zweck wie die der *Rebhühner* … Mit anderen Ingredienzien bereitet man aus ihrem Fett eine Salbe. Sie sind von VORZÜGLICHEM Geschmack, und ihr maßvoller Verzehr ist dem *Blut* zuträglich. Sind sie jedoch sehr FETT, lässt der übermäßige Verzehr das Blut oftmals *faulig* werden.

Wegen ihrer Neigung, FETT ZU WERDEN, – so glaubt man – werden sie nicht mehr als vier bis fünf Jahre alt.

Gemeine Wachtel
Aquarell- und Deckfarbe über schwarzer Kreide,
RCIN 927669

Über den
FRANKOLIN

GEMEINHIN ALS *Franguellina* BEKANNT

MIT SEINEM PRÄCHTIGEN Gefieder *ziert* dieser Vogel jede Voliere. Es ziemt sich somit, ihn den hier versammelten Vögeln hinzuzugesellen … Zudem ist er in unseren Landen SELTEN – würde er hier nicht erwähnt werden, bliebe er vielen Menschen unbekannt. Der Vogel gehört zu derselben Art wie die *Starna* (das Graue oder Gewöhnliche REBHUHN, wie wir es nennen). Auf Lateinisch heißt er *Attagen* oder *Perdix asclepica*, im italienischen Volksmund wird er *Francolino* genannt. Das ist eine Anspielung auf seine freie Lebensweise *(franchigia)*, denn man hat ihn mit Ausgestoßenen und Verbannten sowie Geächteten verglichen …

In Aussehen und Merkmalen ähneln die Proportionen des Frankolins dem Rebhuhn, wenngleich er etwas GRÖSSER und anders gefärbt ist: Brust und Bauch sind schwarz mit weißen *Tupfen*. Flügelspitzen und Schwanz sind gleichfalls schwarz. Kopf, Nacken und Bürzel zeigen eine *goldbraune* Schattierung bis hin zu fahlem Rot mit einem SCHIMMER von Purpurviolett und Schwarz. Schnabel und Beine sind – ganz nach Tracht des Rebhuhns – dunkel.

Man findet die Vögel reichlich in der *Berberei*, vor allem in der Nähe von TUNIS. Einige Autoren haben ihnen deshalb den Namen »*Berberei-Rebhuhn*« gegeben. Auch auf Rhodos sollen sie zahlreich vorkommen, ebenso in ländlichen Gebieten Spaniens, wo Rosmarin und *Nardenähren* sowie *Lavendel* gedeihen. Besagte Frankoline sind auch unter der großen Schar von Vögeln, die seine hochwürdigste Eminenz Kardinal Borghese in der Voliere im Weingarten bei der Porta Pinciana hält. Sie singen nicht; vielmehr stoßen sie ein charakteristisches KREISCHEN bzw. SCHREIEN aus, das durch seine Lebhaftigkeit und Kraft schon von Weitem zu vernehmen ist … Sie sind von vortrefflichem Geschmack und werden sogar dem FASAN vorgezogen. Der hl. Hieronymus erwiderte einstmals auf die *Prahlerei* eines Heuchlers, der den Wunsch hegte, Ein-

Halsbandfrankolin
Aquarell- und Deckfarbe über schwarzer Kreide, RCIN 927684

druck zu schinden: *Tu attagenem eructas, et de comesto ansere gloriaris*, was bedeutet: »Du STÖSST vom Frankolin AUF und prahlst, du hättest GANS gespeist.« Neben ihrem hervorragenden Geschmack sind sie auch der Gesundheit förderlich. Ihr Fleisch ist Menschen bekömmlich, die einen schwachen Magen haben oder unter Nierensteinen leiden ... Wer sie in der VOLIERE halten will, sollte ihnen eine kleine Kiste oder einen Verschlag anbieten, worin sie sich verbergen und nisten können. Ebenso benötigen sie einige Haufen *poröser Steine* oder Tuffsteine und etwas Sand. Sie sind *Gemischtköstler*. Das Männchen ist in der Färbung kräftiger als das Weibchen. Sie werden so alt wie Rebhühner.

Über das ROTKEHLCHEN

DIESER VOGEL IST so bekannt, wie er nur sein kann. Sein schlichter, selbsterklärender Name weist auf sein offensichtlichstes Merkmal hin: die ROTE BRUST ... Um ihn bei Kräften zu halten, sollte man ihm hin und wieder einige *Raupen* geben sowie KLEINE WÜRMER, die man im Mist oder in der Erde findet. Im Sommer füttert man ihm gelegentlich die Blüten von *Spanischem* bzw. *Binsenginster* und *Stachelbeeren*, was ihn fröhlich stimmt.

Weil dieser Vogel so GRAZIL *und* EMPFINDLICH ist, schadet ihm übermäßige Hitze oder Kälte. Im Sommer zieht er sich deshalb in Unterholz und *Gebüsch* zurück oder in die GRÜNEN, kühleren Bergregionen. Im Winter kommt er bis an die Gehöfte heran, wo er sich in *Gesträuch* und KÜCHENGÄRTEN zeigt. Dabei bevorzugt er sonnige Fleckchen und verharrt an den *höchstgelegenen Stellen*, die von der Sonne am meisten beschienen werden. Er duldet keine ARTGENOSSEN und unternimmt alle Anstrengungen, jeden zu vertreiben, der ihm sein Revier streitig macht. Ein Sprichwort lautet daher: *Unicum arbustum non alit duos erithacos.* (»Ein einziges Gehölz nährt keine zwei Rotkehlchen.«) Das Rotkehlchen ist ein Freund der AMSEL, in deren Gesellschaft man es sehr oft antrifft. Der Steinkauz hingegen ist sein *ärgster Feind* ... Es leidet oft unter SCHWINDEL oder FALLSUCHT. Der Vogel wird vier bis fünf Jahre alt, manchmal sogar älter, je nachdem wie umsichtig er gehalten wird.

Rotkehlchen
Aquarell- und Deckfarbe
über schwarzer Kreide,
RCIN 927626

Über unsere heimische TURTELTAUBE

ES GIBT DREI Arten von Turteltauben. Die erste ist die bei uns heimische Art, die man schlicht *Turteltaube* nennt. Auf Lateinisch heißt sie – in Nachahmung ihres Gesanges – *Turtur*. Die zweite Art ist die Weiße [Taube], die dritte die *Indische*, andernorts ALGERISCHE oder TÜRKISCHE Taube genannt. In der Größe unterscheidet sich die erste Art (die häufig und allgemein bekannt ist) kaum von der *Ringeltaube*. Fein und zart wie alle *Tauben*, ist sie am ganzen Körper von grauer Farbe. Sie zeigt dabei einige helle und dunkle Partien mit *rostfarbener* oder *brauner* Beimischung. Die zweite Art ist ganz weiß und um die Hüfte schmaler als die erste. Die dritte Art ist die INDISCHE Taube. Das Weibchen ist ganz weiß mit Ausnahme des *dunklen* Schnabels und der *roten* Füße. Beim Männchen hingegen haben Kopf, Nacken, Brust und die Handschwingen eine Farbe zwischen FAHLEM GELB und BRAUN. Turteltauben findet man in nahezu jedem Land und zumeist dort, wo es reichlich Futter gibt. Sie leben *paarweise*, und es heißt, dass sie keinen neuen Gefährten nehmen, wenn der andere vermisst wird.

Die Weiße Turteltaube ist in *Polen* und in kalten, schneereichen Gefilden heimisch. Die Türkische oder Indische Turteltaube wird häufig aus dem ÄGYPTISCHEN *Alexandria* zu uns gebracht. Bisweilen werden die Vögel so zahm, dass sie brüten und jeden *Monat* ein Gelege mit zwei Eiern haben. Nach vier Jahren, so berichtet man, GEHEN SIE EIN und sterben … Nach dem Fangen mästet man sie mit *Rispen*- und *Kolbenhirse*. Ihr Verzehr ist hilfreich bei starkem DURCHFALL von Mensch und Tier. Das Blut der Vögel, zu einem Pulver verarbeitet, wirkt sogar noch besser.

Europäische Turteltaube
Aquarell- und Deckfarbe
über schwarzer Kreide,
RCIN 927675

Über den KIEBITZ *und die Jagd auf denselben*

DIESER VOGEL WIRD auf dieselbe Art gejagt, wie beim Star beschrieben. Er bringt mich etwas von der Systematik unserer Darstellung ab, welche sich vorwiegend den *Singvögeln* widmet. Da mir aber bewusst ist, welche Freude solche Einzelheiten der Leserschaft und den JAGDFREUNDEN bescheren, schweife ich etwas ab, um, sobald die Angelegenheiten dieses *Kapitels* abgehandelt sind, gleichwohl unverzüglich zur gewohnten ORDNUNG zurückzukehren.

Der KIEBITZ (auf Lateinisch *Capella* oder *Vanellus*) ist ein in unseren Landen heimischer Vogel. Körperbau und Gang ähneln der Felsen- oder *Turteltaube*, doch ist der Kiebitz länger. Kopf und Rücken zeigen einen irisierenden schwarz-grünen Schimmer. Dem *Hinterkopf* entwächst eine HAUBE aus vier oder sechs kleinen Federn, von denen zwei ein wenig abgesetzt sind. Körper und Innenseite der Flügel sind *weiß*. Den HALS bedecken Federn von tiefstem *Schwarz*, die eine Art Kragen bilden. Die Außenseiten der Flügel zeigen genau dieselbe Farbe wie der Kopf. Am BÜRZEL und unter dem Schwanz sind die Federn rotbraun. Selbiger ist teils schwarz, teils weiß, wobei die beiden äußersten FEDERN reinweiß sind.

Man begegnet dem Kiebitz gewöhnlich in den *Ebenen* und an sumpfigen Orten, wo ausreichend HEIDEKRAUT sprießt. Er hält sich meist in der Nähe von Seen und Flüssen auf, weil es dort im Überfluss *Würmer*, FLIEGEN, *Raupen*, SCHNECKEN und ähnliches Getier gibt, von dem er sich ernährt. Im Sommer sieht man meist nur einzelne Vögel, im Winter sammeln sie sich und fliegen in *Schwärmen*. Ihr Flug ist geschwind, und sie lassen dabei beständig ein lärmendes Tschirpen erklingen.

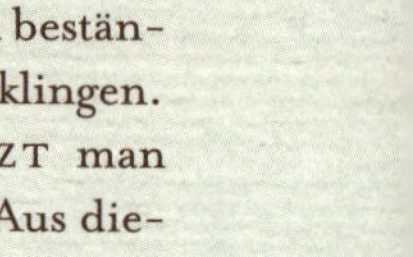

An erster Stelle SCHÄTZT man den Kiebitz für seine Anmut. Aus diesem Grund hält man ihn *gewöhnlich* in Gärten, wo er von großem Nutzen ➳

Kiebitz
Aquarell- und Deckfarbe über schwarzer Kreide, RCIN 927686

➳ FORTSETZUNG

ist, weil er dort nach Larven von Würmern und *Raupen* gräbt. Die Vögel können auch VERZEHRT werden, sie sind von recht gutem Geschmack und *nahrhaft* – obwohl sie wegen ihrer großen Anzahl nicht sehr begehrt sind.

Der Kiebitz kann von ALLERHEILIGEN bis zum Katharinentag gejagt werden. Hierzu benötigt man fünfzehn oder zwanzig Attrappen und zwei lebende Lockvögel. Diesen füttert man HERZ, das man in lange Streifen in der Form von WÜRMERN schneidet. Bei der Jagd muss man den *pfeifenden* Ruf der Vögel ertönen lassen. Er lässt sich leicht mithilfe einer Pfeife IMITIEREN. Hierfür faltet man einen kleinen Streifen *Weinlaub*, sodass es doppelt liegt, und schiebt ein Stückchen WEINRINDE als »Zunge« oder Blatt dazwischen.

Dieser Vogel ähnelt dem REGENPFEIFER, der im Lateinischen *Pluvialis* genannt wird. Man fängt ihn in der gleichen Art und Weise, wobei Kiebitze sehr oft mit Regenpfeifern verwechselt werden.

Goldregenpfeifer
Aquarell- und Deckfarbe über schwarzer Kreide, RCIN 927687

Über den ZEISIG *oder Erlenfinken*

Dieser Vogel wird auf Lateinisch *Ligurinus* genannt oder häufiger *Lucarino* (also ZEISIG), manche Autoren gebrauchen auch den sizilianischen Namen *Lecora*. Der Zeisig ist ein kleiner Vogel. Er ist gefärbt wie ein Girlitz, aber GRÜNER und mit einem SCHWARZEN Fleck auf dem Kopf, wie in der hier gezeigten Abbildung. Sein Körper ist kaum größer als der des Letztgenannten. Der SCHWANZ des Zeisigs ist kürzer. Der Rücken und die Flügel zeigen wie beim Girlitz dunkle *Flecken*, doch sind diese dunkler. Das Männchen unterscheidet sich vom Weibchen durch einen FLECK auf dem Kopf, der schwärzer ist. Auch ist es an Oberbauch, Brust und Bürzel KRÄFTIGER GEFÄRBT. Auch Jungvögel unterscheiden sich von älteren durch eine geringere *Farbkraft*, ebenso verhält es sich mit lange *im Käfig gehaltenen* gegenüber frisch gefangenen Vögeln. Je kürzer sie im Käfig gehalten wurden, desto SCHÖNER und leuchtender sind ihre Farben. Von *Nestbau*, Gelege und *Brut* der Zeisige ist nichts Außergewöhnliches bekannt, da dies nicht bei uns geschieht. Sie kommen aus GRIECHENLAND, so einige Autoren, etliche aus Ungarn und andere aus dem Gebiet der Schweizer. Letzteres ist wahrscheinlicher: Die Verfasser der *Naturgeschichte* dieser Länder geben an, Zeisige finde man bei ihnen insbesondere im Sommer in großer Zahl und sie bauten ihre NESTER im LAUB der Wälder. Zeisige kommen alle drei oder ➳

➳ FORTSETZUNG

vier Jahre in solchen Mengen in unser Land, dass manche glauben, sie werden vom *Wind* getragen.

Ihr Gesang ist entzückend abwechslungsreich. Man SCHÄTZT sie dafür und dies umso mehr, da sie auch den Ruf anderer Vögel erlernen. Das gelingt ihnen gut, und sie imitieren etwa den *Stieglitz* ganz vorzüglich. In *Rom* zähmt man Zeisige vielfach und richtet sie wegen ihres angenehmen und liebenswürdigen Wesens dazu ab, außerhalb des Käfigs auf die Hand zu kommen wie ein SPERBER. Hierzu lässt man sie zunächst hungern und zeigt ihnen dann eine in Stücke gebrochene NUSS. Diese lässt man sie aus der Hand fressen, wobei man mit derselben auch eine kleine *Glocke* oder *Rassel* hält. So kann man dann die gezähmten und ABGERICHTETEN Vögel jederzeit auf die Hand rufen.

Auf ihrem herbstlichen Zug von den BERGEN in die EBENEN fängt man sie mit dem *Klappnetz*. Man fängt ihrer so viele, dass die Übrigen mutlos werden. Sie fliegen in *Schwärmen*, und fliegt einer zu Boden, tun sie es alle, sodass man meist viele fängt. Die wenigen, die den Netzen entkommen, fliehen in die Wälder und Anfang des Winters in die *Maremma*, wo sie der Kälte entgehen. In der Natur leben sie wie der STIEGLITZ und fressen vor allem *Distelsamen*. Zeisige sieht man so oft in Dornenhecken, dass man ihnen den Beinamen *Spinus* [Schlehdorn] gab. Im Käfig fressen sie jedoch gewöhnlich *Kolbenhirse* oder HANFSAMEN. Sie werden acht bis zehn Jahre alt.

Erlenzeisig
Aquarell- und Deckfarbe
über schwarzer Kreide,
RCIN 927604

Über den TANZ-VOGEL,

AUCH *Stelze* GENANNT

DIESER VOGEL HEISST auf Lateinisch *Motacilla*, weil er ständig seinen Schwanz bewegt. In Italien kennt man ihn unter verschiedenen Namen: In Rom nennt man ihn CODINZINZOLA (was *Ulkschwanz* bedeutet) oder BOVARINA (*Ochsenfolger*, weil er häufig pflügenden Ochsen folgt), in der Toskana ist er als *Cutrettola* (WACKELSCHWANZ oder *Zitterschwanz*) und in der Lombardei als BALLARINA (*Tanzvogel*) bekannt. Aussehen und Merkmale wie auch die Größe entsprechen der *Grasmücke*. Jedoch ist der Schwanz zweimal so lang und der Schnabel schmal und schwarz. Es gibt zwei Arten von Stelzen. Die erste ist weiß und schwarz, und man nennt sie *Motacilla alba* oder Weiße Stelze [heute: Bachstelze]. Die zweite ist →

Bachstelze
Aquarell- und Deckfarbe über
schwarzer Kreide, RCIN 927642

Schafstelze
Aquarell- und Deckfarbe
über schwarzer Kreide,
RCIN 927647

➳ FORTSETZUNG

gelb-grün und wird MOTACILLA FLAVA oder *Gelbe Stelze* [heute: Schafstelze] genannt …

Man findet die Stelzen an WASSERWEGEN sowie Flussufern und Deichen, wo sie *Fliegen* und *Raupen* jagen. Auch beim Vieh oder während des Pflügens kann man sie häufig beobachten, weshalb sie den Namen BOVARINA bekommen haben. Petrus *Bellonius* nennt sie [in seiner Naturgeschichte der Vögel, 1555] in seinen Bemerkungen *Culicilege* oder »Mückenfänger«. Wäre dies wahr, müsste man die Stelze als VERTILGER der lästigsten aller Insekten rühmen … Im Käfig überlebt sie nicht lange, noch singt sie dort. In der Natur hingegen ist ihr Ruf nicht unschön, sofern sie sich *voll Übermut* brüstet,

Gebirgsstelze
Aquarell- und Deckfarbe über schwarzer Kreide, RCIN 927648

dem ungestümen Angriff des BAUMFALKEN entronnen zu sein. Die Weiße Stelze sieht man bei uns nur im *Herbst* und im *Winter*, die andere auch im SOMMER. Die Gelbe Stelze nistet an kühlen Orten und baut ihr Nest zuweilen auf den Dächern der Landhäuser. Im Winter wagt sich die eine oder andere in die Nähe unserer WOHNSTÄTTEN und lässt sich in den Gärten und Höfen der Häuser blicken.

Um *Nierensteine* zu zerbrechen oder zu zerkleinern, *trocknet* man Stelzen im Ofen, wie für *Lerchen* beschrieben, und mischt sie zu gleichen Teilen mit gleichfalls getrocknetem HIRSCHBLUT. Darauf nimmt man einige Tage morgens auf nüchternen Magen ein *Quäntchen* dieser Mischung mit Steinbrechwasser oder starkem WEISSWEIN ein. Bei der Aufzucht sollte man sie versorgen wie in der Anleitung für Nachtigallen beschrieben.

Bemerkung über den OCHSENFOLGER *oder* WACKELSCHWANZ

IM UMLAND VON *Rom* legt man für diesen Vogel von Mitte *August* bis Ende *Oktober* Netze aus. Dort behauptet man, es gebe einen Unterschied zwischen diesem Vogel und jenem, welchen wir CUTRETTOLA (*Wackelschwanz*) oder BALLARINA (*Tanzvogel*) nennen: Ersterer sei auf dem Land zu Hause und folge den Ochsen, was ihm den Namen *Bovarina* oder Ochsenfolger eingebracht hat. Man sieht die Vögel in zwei Spielarten. Das Gefieder der einen zeigt ein mit Dunkelgrün gemischtes Grau, dazu an Handschwingen und Schwanz ein wenig Weiß. Der andere Vogel ist ziemlich gelb, so wie die MOTACILLA FLAVA, also die *Gelbe Stelze* [heute: Schafstelze]. Beide haben sehr grazile Beine, die schwarz sind, so wie es auch ihr Schnabel ist. Sie fressen – außer den FLIEGEN, die sie bei den Rindern fangen – auch die Früchte von *Dornenhecken* sowie RAUPEN.

Man fängt die Vögel mit dem *Klappnetz*, wobei man zunächst einen *Steinkauz* als LOCKVOGEL einsetzt oder jeden anderen kleinen Vogel, der herumfliegt. Später geschieht dies mit zwei, drei oder mehr Lockvögeln der gleichen Art. Daneben kann man auch eine PFEIFE benutzen, mit der man den Ruf des Vogels *nachahmt*.

Die Netze legt man frühmorgens und spätabends bei *Röhricht* oder SCHILFDICKICHTEN aus oder in der Nähe von RINDERN und großen Herden. Neben dem Ochsenfolger gehen auch wei-

Gebirgsstelze
Aquarell- und Deckfarbe über schwarzer Kreide, RCIN 927616

tere kleine Vögel ins Netz. Unter ihnen ist meist auch einer, der von den Beinen und den FARBEN her der *Lerche* ähnelt, wenngleich seine Gestalt schlanker ist. Im Umland von Rom nennt man ihn SPIONCELLO (*Bergpieper*).

Die *Bovarine* oder Ochsenfolger sind Zugvögel: Man sieht sie im August, September und Oktober. Ihnen folgen die BALLARINE oder *Tanzvögel*, die sich von Ende Oktober bis Mitte Frühling im Flachland aufhalten.

Über den
HÄNFLING

WIR MÖCHTEN HIER eine Beschreibung beitragen, um Art und Wesen jenes Vogels allgemeingültig darzustellen, welcher gemeinhin als HÄNFLING bekannt ist. Auf Lateinisch heißt er *Linaria* [Flachsfink], weil er sich von Leinsamen ernährt. Andere Autoren bezeichnen ihn als *Salus*.

Der Hänfling ist von etwas geringerer Größe als der SPERLING, aber um einiges feingliedriger und schlanker. Er hat einen kleinen runden Kopf mit einem recht kurzen, wohlproportionierten Schnabel. Er ist ganz und gar *erdfarben*, wobei die Brust ein wenig HELLER als der Rücken ist. Allseits ist er mit Tröpfchen derselben Farbe *gesprenkelt* … Unsere HEIMISCHEN Hänflinge sind etwas *größer*. Das Männchen hat zumeist auf der Brust einige kleine Flecken LEUCHTEND roter Farbe, die man auch am *Kopf* über dem Schnabelansatz sieht. Das *Weibchen* ist frei davon, stattdessen dominieren DUNKLE UMBRATÖNE. Die Spitzen der Flügel ebenso wie der Schwanz der heimischen Hänflinge sind schwarz, strukturiert durch Weiß. Die rote Brust ist kein *Unterscheidungsmerkmal* verschiedener Arten, sondern vielmehr ein Zeichen des Alters. Je ÄLTER die Männchen sind, desto intensiver sind bei ihnen diese Stellen gefärbt.

Sie singen sehr *lieblich*, sowohl von Natur aus als auch durch Unterricht. Ihre AUFZUCHT erfolgt wie andernorts beschrieben. Neben anderen Krankheiten leiden sie auch an Schwindsucht oder AUSZEHRUNG … Üblicherweise werden sie *Mitte Juli* zu den Hundstagen krank. Viele stellen dann ihren Gesang ein und verlieren einen Teil ihres Federkleids.

Bluthänfling
Aquarell- und Deckfarbe
über schwarzer Kreide,
RCIN 927608

➳ FORTSETZUNG

Der Hänfling nistet, nicht sehr *hoch*, in Bäumen und legt drei oder vier Eier. Er frisst dasselbe Futter wie der STIEGLITZ, gewöhnlich Samen von Glanzgras, *Lein* und *Hanf* sowie Kolbenhirse. In HOLLAND gibt man den Hänflingen auch Samen von KOHL und *Raps*. Man fängt sie mit dem Klappnetz, und zwar meist im Herbst, wenn andere Vögel vorbeiziehen. Der Vogel wird fünf bis sechs Jahre alt.

Bluthänfling (Weibchen)
Aquarell- und Deckfarbe über schwarzer Kreide, RCIN 927618

Über die
MÖNCHS-GRASMÜCKE

DIE MÖNCHSGRASMÜCKE, AUF Lateinisch *Atricapilla* genannt, ist ein kleiner, von Natur aus munterer Käfigvogel mit einem erquicklichen, ENTZÜCKENDEN Gesang. Sie bietet einen lieblichen Anblick, denn ihr gesamter Körper ist ansehnlich in *Hell* und *Dunkel* gegliedert. Kopf, Rücken, HANDSCHWINGEN sowie der Schwanz sind von schwärzlicher Farbe, wobei jedoch ein Fleck auf dem Kopf tiefschwarz ist. Die *Oberseite* der Flügel weist einen Stich ins Grünliche auf, als wären ERDFARBEN dazugemischt. Der Körper tendiert ein wenig ins *Gelbliche*, die Unterseite zum Weißen. Der Schnabel ist *schwarz* und hat einen kleinen HAKEN an der Spitze. Die Mönchsgrasmücke brütet zweimal im Jahr – das erste Mal Ende Mai und das zweite Mal im *August* – und zwar in jungen Bäumen, in Efeuhecken oder in *Lorbeersträuchern*. Der Nestbau erfolgt manchmal früher, manchmal später. Sie nutzt dafür, was immer ihr gerade zur Verfügung steht: sehr feine Wurzeln und Grashalme, aber auch die Griffel der WALDREBE, die man auch Bettlerskraut oder Wilde Weinranke nennt, und deren Ranken. Es werden *drei*, *vier* oder *fünf* Küken aufgezogen. Die Vögel schwirren eifrig im Gebüsch und darüber umher. Im Frühjahr singen sie unablässig. Am besten geeignet sind JUNGVÖGEL, die mit einem Netz gefangen wurden. Nach dem Fang muss man ihnen die Flügelspitzen *zusammenbinden*. Man päppelt sie mit Herz auf, wie bereits an anderer Stelle beschrieben. Sie haben einen *Wildruf* und nehmen auch fremde Rufe an, die sie vom HÄNFLING oder von anderen Vögeln erlernen. Alles, was man ihnen beibringen will, muss man sie als Nestlinge lehren. Diese Vögel müssen besonders sauber gehalten werden. Sie verfallen sonst in TRÜBSINN und bekommen *wunde Füße*. Unbehandelt gehen sie daran binnen weniger Tage ein.

Mönchsgrasmücke
Aquarell- und Deckfarbe über schwarzer Kreide, RCIN 927610

➳ FORTSETZUNG

Es ist wundervoll zu beobachten, wie gut dieser kleine Vogel seinen Besitzer von anderen Personen zu unterscheiden vermag. Dies bekundet er, indem er anders singt, wenn der Halter sich in der Nähe des *Käfigs* zeigt. Der Vogel schlägt dann unausgesetzt mit den Flügeln, fliegt zum Boden und kommt so nahe wie möglich an das Gitter heran. Einige füttern KASTANIENMEHL oder hängen eine vorgekaute *getrocknete Feige* an die Stangen des Käfigs.

Es sei darauf verwiesen, dass beim FANG dieser Vögel manchmal ein schwerer Missgriff geschieht, indem man sie mit der *Samtkopf-Grasmücke* verwechselt. Der Unterschied zwischen beiden ist dieser: Das Schnabelinnere der Mönchsgrasmücke ist LEUCHTEND ROT und bei der Samtkopf-Grasmücke von *gelber* Farbe. Viele lassen sich von der Ähnlichkeit täuschen. Bei guter Haltung wird der Vogel fünf bis *sechs* Jahre alt.

Mönchsgrasmücke
(»*Capinera*«)
Stich aus Giovanni Pietro Olina: *Uccelliera*, 1622, fol. 8v

Über die KLAPPER-GRASMÜCKE *oder* HANF-FEIGENDROSSEL

ZU DIESEM KLEINEN Vogel wurde bisher wenig geschrieben. Er ist nicht vielen bekannt und man setzt ihn schlechterdings mit der *Feigendrossel* gleich. In der Lombardei ist er so zahlreich wie nirgendwo sonst. Die Provinz produziert sehr viel *Hanf*, worin sich der kleine Vogel fast ununterbrochen aufhält, dabei *umherflattert* und singt. Einige Autoren nennen ihn Rohrspatz, ROHRAMMER oder *Heckenbraunelle*. Man ordnet ihn, wie erwähnt, der Gruppe der Feigenfresser zu, weil er diesen in Merkmalen und Eigenschaften ähnelt, auch wegen seiner GEDRUNGENEN Gestalt. Einige nennen ihn daher auf Lateinisch *Ficedula canabina* (HANF-FEIGENDROSSEL).

Der Vogel gleicht der Feigendrossel und *Nachtigall*. An die Feigendrossel erinnern seine Größe sowie die Farbe von OBERBAUCH *und* KEHLE – ein mattes Grün, das zu Gelb tendiert. An Bürzel, Hals, Flügeln und Kopf hat er eine Farbe ähnlich der einer Nachtigall. Das gilt auch für den Schwanz, der einige *rostfarbene* Partien aufweist. Die Hanf-Feigendrossel baut ihr Nest im Hanf, den sie mit den Griffeln und Ranken der *Waldrebe* verwebt, die man auch BETTLERSKRAUT nennt. Zuweilen nistet sie im *Dickicht*, in jungen Bäumen oder im dichten Dornengestrüpp. Sie legt vier oder fünf Eier, zumeist aber *vier*.

Wer sie aufziehen möchte, muss bereits *befiederte* Tiere nehmen und ihnen KLEIN GESCHNITTENES HERZ von Hand füttern, wie bereits beschrieben. Man füttert sie einige Tage lang mit einem Stöckchen, bis sie selbstständig picken. Das Futter der Hanf-Feigen-

Unbekannte Grasmücke
Aquarell- und Deckfarbe
über schwarzer Kreide,
RCIN 927634

Wahrscheinlich Waldlaubsänger
Aquarell- und Deckfarbe über schwarzer Kreide, RCIN 927603

➳ FORTSETZUNG

drossel ist dasselbe wie für die Nachtigall. Dieser gleicht sie auch durch ihren FLACHEN Kopf und die Feinheit des Schnabels. Ihr Gesang umfasst verschiedene Rufe, die denen der *Mönchsgrasmücke* und der Nachtigall ähnlich sind. Der Gesang klingt sehr lieblich.

Das Männchen zeigt mehr ROT am Rücken als das Weibchen. Beobachtungen zufolge STERBEN sie, wenn es ihnen während der *Mauser* an Komfort und Bademöglichkeit mangelt. Am besten sprüht man sie daher zu dieser Zeit jeden Tag leicht ein oder gibt ihnen ein entsprechendes *Gefäß* in den Käfig. Hernach stellt man sie zum TROCKNEN *in* die SONNE. Der Vogel wird acht bis zehn Jahre alt.

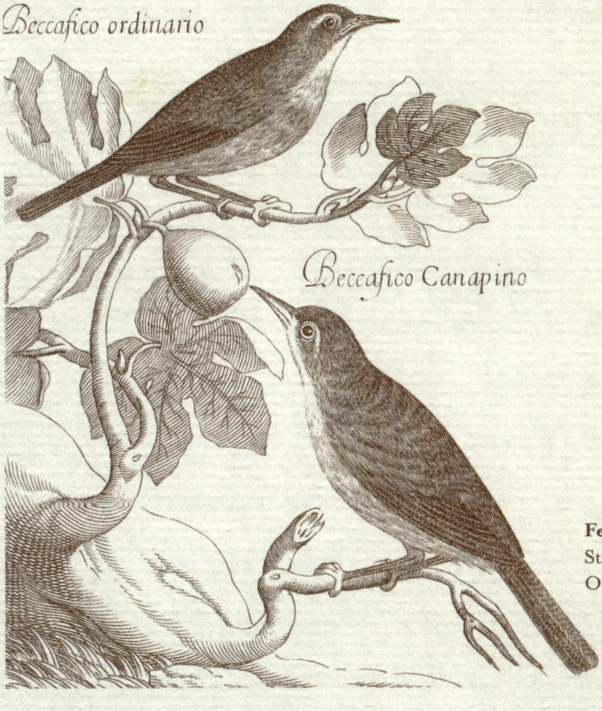

Feigendrosseln
Stich aus Giovanni Pietro Olina: *Uccelliera*, 1622, fol. 10v

Wahrscheinlich Dorngrasmücke
Aquarell- und Deckfarbe über schwarzer Kreide, RCIN 927635

Wahrscheinlich Gartengrasmücke
Aquarell- und Deckfarbe über schwarzer Kreide, RCIN 927611

Kanarengirlitz
Aquarell- und Deckfarbe über schwarzer Kreide, RCIN 927609

Über den KANARIEN-VOGEL,

DEN *Sperling der Kanarischen Eilande*

DER KANARIENVOGEL ODER Kanarensperling (auf Lateinisch *Avis Canaria* oder *Passer Canarius*) war den ALTEN nicht bekannt, weshalb es so gut wie keine Beschreibung von ihm gibt. Aus diesem Grunde nehmen wir *alles* auf, was unserer eigenen Erfahrung entstammt oder der Lektüre ZEITGENÖSSISCHER Autoren, die über ihn geschrieben haben.

Mit Schiffen von den KANARISCHEN INSELN gelangte der Vogel in *verschiedene* Orte in Europa. Wegen des milden Klimas, dessen man sich auf ihren heimatlichen Inseln erfreut, nennt man diese auch die *Glücklichen Inseln*. In Gestalt und Merkmalen gleicht der Kanarienvogel vollständig dem *Girlitz* und dem *Zeisig*. Er ist jedoch etwas größer als beide. Im Unterschied zum Girlitz hat der Kanarienvogel nur eine einfarbige BRUST in mattem *Grün*, das ein wenig ins Gelbe geht. Der Girlitz hingegen zeigt an der (sattgrünen) Brust noch mehr GELB ... Die Brust ist mit dunklen Flecken leicht GESPRENKELT. Es sind Tropfen von dunklem Grau oder der Farbe UMBRISCHER Erde, wie sie *Maler* verwenden. In derselben Weise ist der Vogel auch rings um die Augen und an den Wangen gescheckt.

Das MÄNNCHEN wird für seinen Gesang GERÜHMT und ist vom Weibchen wie folgt zu unterscheiden: An *Brust*, *Kinn* und Scheitel zeigt es mehr Gelb als das Weibchen, welches mehr zum GRÜNEN tendiert. Unter den Männchen sind diejenigen mit *längeren Schwänzen* und kleineren Körpern die besten Sänger. Langjähriger Praxis zufolge, ist die Sangesbereitschaft umso GRÖSSER, je graziler der Körperbau ist. Hingegen stellen sich Vögel mit ➳

➸ FORTSETZUNG

einem größeren Körper und der Angewohnheit, sich im Käfig häufig umzudrehen und den Kopf zu DREHEN, oft als *Baumsperlinge* von der Insel La Palma und aus *Kap Verde* heraus, die man nicht für ihren Gesang schätzt.

Es gibt auch heimische *Kanarienvögel*, die als echte Kanarienvögel gelten: Eine große ZAHL von kanarischen Vögeln befand sich an Bord eines Schiffes, das auf dem Weg nach *Livorno* nahe ELBA Schiffbruch erlitt. Als der Käfig bei dem *Unglück zu Bruch ging*, RETTETEN sie sich und ÜBERLEBTEN auf der Insel. Sie brüteten dort und haben sich derart vermehrt, dass man sie inzwischen auch in anderen Gegenden findet. Wegen der VERSCHIEDENHEIT des Landes haben sie indes ihre Gestalt und ihre Merkmale ein wenig verändert. Sie wurden eine *Bastardsorte* mit schwarzen Füßen und sind am Kinn um einiges GELBER als der richtige Kanarienvogel. Außerdem sind sie so groß wie ein *Zeisig*.

Ihr Futter besteht aus Kolbenhirse, HANFSAMEN, Glanzgras und *Rispenhirse*, von der sie aber weniger bekommen sollten. Das echte Kanariengras, das mit den Vögeln von den Kanarischen Inseln eingeführt wurde, heißt *Phalaris* [*Glanzgras*]. Es ist ihre natürliche Nahrung und wird in großer Menge von SIZILIEN nach GENUA gebracht. Manche füttern auch mit gutem Erfolg *Mohnsaat*. Um sie anzulocken und sangesfreudiger zu stimmen, VERWÖHNEN sie manche mit Zuckerbröckchen oder sehr fein gehacktem *Zuckerrohr*. Andere bedecken die obere Seite des Käfigs als Belaubung mit VOGELMIERE (auf Lateinisch *Morsus gallinae*), einem Kraut, das alle kleinen Singvögel sehr schätzen.

Sie leiden zuweilen unter SCHWELLUNGEN am Kopf, die man versorgen muss: Hierzu bestreicht man sie entweder mit *Butter* oder mit nicht ausgeschmolzenem *Hühnerfett*, bis sie REIF sind. Darauf eröffnet man sie behände mit einer Schere und entfernt die *fauligen* Stoffe, woraufhin die Wunde ZUHEILEN wird. Außerdem leiden sie unter *Vogelläusen*. Zur Behandlung sprüht man sie, wenn es nicht zu kalt ist, behutsam mit *starkem Wein* ein und stellt sie dann in die SONNE oder an einen warmen Ort. Bei guter Pflege werden sie zehn bis *fünfzehn Jahre* alt.

Zitronenzeisig (auf dem Blatt als Kanarienvogel von Elba bezeichnet)
Aquarell- und Deckfarbe über schwarzer Kreide, RCIN 927602

Grauammer
Aquarell- und Deckfarbe
über schwarzer Kreide,
RCIN 927654

Über die GRAU-AMMER

IM UMLAND ROMS kennt man diesen Vogel besser als andernorts, denn er ist dort zahlreich. Einigen Autoren zufolge nennt man ihn ZIVOLO MONTANINO (also *Bergammer*), obwohl er sich in Größe und Farbgebung von dieser AMMER unterscheidet. Der lateinische Name lautet *Emberizza*. Die Grauammer ist so groß wie eine gewöhnliche Lerche. Auch die Farbgebung ähnelt dieser: An der Oberseite erinnert sie an UMBRISCHE ERDE, an der Unterseite tendiert sie zu Weiß mit dunklen Tupfen. Die Grauammer hat einen kurzen, *kräftigen Schnabel*, dessen oberer Teil bis zur Mitte dick und massiv ist. Hier befindet sich auch eine VERDICKUNG (wie in der Abbildung zu sehen), mit der sie *Weizen*- und *Haferkörner* oder anderes FUTTER öffnet … Ihre Beine sind wie die der Lerche, aber ohne die Länge der hinteren Kralle. Ihr Gesang ist ein schrilles Kreischen, weshalb man sie STRILLOZZO nennt. Dies hat im römischen Volksmund die Bedeutung »*Geschrei*« oder »*Gezeter*« … Ihr gewöhnlicher Ruf, ein FIEPEN oder PIEPSEN, ähnelt dem Laut der *Grashüpfer* im Feld.

Wie die Lerche nistet die Grauammer in der Ebene direkt auf dem Boden oder allenfalls im *Dickicht*. Sie legt fünf bis sechs Eier. In der Natur nährt sie sich von VERSCHIEDENEN SAMEN und RAUPEN, frisst aber auch gerne *Weizenkörner* und *Gerste*. Man findet

➳ FORTSETZUNG

sie gewöhnlich am Boden, kein Vogel schätzt das Flachland mehr. Vogelfänger halten sie in *Käfigen* für die herbstliche Klappnetzjagd, auf dass sie mit ihrer Hilfe andere Vögel fangen. In Gefangenschaft füttert man ihnen GEMISCHTE VOGELKOST. Man hält sie wie die Lerche in einem niedrigen Käfig ohne Unterteilungen, *Zweige* oder *Sitzstangen*. Die Grauammer lebt nicht länger als die Lerche.

Grauammer (leuzistisch)
Aquarell- und Deckfarbe über schwarzer Kreide, RCIN 927660

Über die
AMMER

DIESER, WIE VIELE andere Vögel, hat seinen Namen durch seinen Ruf erhalten: Er klingt wie »*Zi, zi*«, daher kommt sein italienischer Name ZIVOLO. Auf Lateinisch nennt man ihn *Cirlus*. Die Ammer [heute: Zaunammer] ist so groß wie ein *Sperling* oder etwas größer, sie hat einen kurzen, recht kräftigen Schnabel. Der Kopf ist wie beim ZEISIG gefärbt – grün mit hellen und dunklen Partien oben, MATTEM GELB um die Augen sowie auf dem Gabelbein. Rücken und Flügel zeigen ein *Kastanienbraun*, das man auch als BAND zwischen den Flügeln sieht. Der Schwanz ist von *stumpfem* Grün. Brust und Oberbauch tendieren ins Gelbe mit einigen grünen ANTEILEN, die bisweilen mit dunklen Tropfen gesprenkelt sind. Die Gestalt und die Merkmale des Vogels variieren mitunter. Eine Spielart heißt GOLDAMMER oder *Gelbling*, weil sie ein wie Stroh leuchtendes Goldgelb zeigt. Die andere, oben beschriebene Variante, bezeichnet man einfach als AMMER. Aldrovandi zufolge heißt dieser Vogel in Bologna *Raparino*. Das mag für jene Gegend zutreffen, doch in der TOSKANA bezeichnet dieser Name einen gänzlich anderen Vogel.

Die Ammer lebt meist am Boden, wo sie PICKT und *Samen* sucht, deshalb ist ihr Schnabel, wenn man sie fängt, oft *erdverkrustet*. Die Vögel ziehen in Schwärmen umher. Oft sind sie in Gesellschaft von BUCHFINKEN zu finden, deren Gesang sie auch teilweise nachahmen. Da ihr Lied nicht ohne Reiz ist, hält man Ammern in *Käfigen*. Auch als Lockvögel in Klappnetzen wer-

➳ FORTSETZUNG

den sie eingesetzt. Die Ammer ist recht ARGLOS und aus diesem Grund leichter mit dem Klappnetz oder mit LEIMRUTEN zu fangen als der Buchfink. Sie ist leicht zu *zähmen*, obwohl sie in den ersten zwei oder drei Monaten im Käfig nur ihren gewöhnlichen Ruf äußert. Dann gewöhnt sie sich ein und SINGT recht geglückt. Sie frisst *Gerste*, *Rispen*- und KOLBENHIRSE. Im Herbst und zu Beginn des Winters ziehen Ammern vor allem an regnerischen Tagen in großer Zahl über NEU EINGESÄTE FELDER oder frisch gepflügtes Land und suchen nach *Insekten*. Die Ammer neigt oft zur Fallsucht. Der Vogel wird ungefähr sechs Jahre alt.

Zaunammer
Aquarell- und Deckfarbe über schwarzer Kreide, RCIN 927631

Über den ORTOLAN

QUALITÄT UND GESCHMACK seines *Fleisches* haben den Gesang des Ortolans in den Hintergrund gedrängt. Obwohl dieser NICHT BESONDERS KUNSTVOLL ist, kann er neben dem anderer Singvögel wohl bestehen. In der *Lombardei* kommt er aufgrund der Fülle von kleinen GETREIDEFELDERN in großer Zahl vor. Man hält ihn teils wegen seines Gesangs und teils zum Verzehr in Käfigen. Beide Sinne – die des *Gehörs* und die des *Gaumens* – vermag er recht gut zu *erfreuen*. Aus diesem Grund sind weitere Angaben zu ihm wohl nützlich ... Vom Körper her ist der Ortolan nicht größer als die heimische LERCHE, sogar ein wenig kleiner. Im Übrigen ähnelt er stark der *Grauammer*. Schnabel, Beine und Füße sind rötlich und tendieren zu stumpfer FLEISCHFARBE. Kopf, Nacken und Brust gehen ins Gelbe und zeigen ein paar safranfarbene *Sprenkel*. Der Oberbauch hat dieselbe Farbe mit einigen grünen Partien. Die Federn der HANDSCHWINGEN der Flügel und des Schwanzes sind eher schwärzlich, die übrigen *gelb* bis *schwarz*. Im Unterschied zum Männchen sind Kopf, Nacken und Brust des Weibchens gelb, gemischt mit Grün, wobei beide Farben deutlich AUSGEPRÄGT sind. Das Männchen hat zudem seitlich unterhalb der Augen einen leuchtend DOTTERFARBENEN Fleck. Der am weitesten außen liegende Zeh (also der nach hinten weisende) ist recht groß, was *darauf hindeutet*, dass der Vogel über den Boden läuft.

Der Ortolan lebt in freier Natur in unterschiedlichen Gegenden ITALIENS, vor allem in der *Toskana* und bei *Bologna*. ➳

Ortolan
Künstler aus dem frühen
17. Jahrhundert
Aquarell- und Deckfarbe sowie
Federzeichnung über schwarzer
Kreide, RCIN 927622

➳ FORTSETZUNG

Dort sucht er nach Gerste, Hirse, KOLBENHIRSE und dergleichen und baut auch sein Nest inmitten dieser. Er legt *fünf* oder *sechs* Eier. Bei guter Pflege und in einer Einfriedung setzt er so gut Fett an, dass er mehr als 100 GRAMM wiegen kann. Er ist überaus delikat und wird in Rom und andernorts Adligen serviert. Hierfür wird er mit seiner Haut in MEHL gewälzt.

Ortolan (»*Ortolano*«)
Stich aus Giovanni Pietro
Olina: *Uccelliera*, 1622, fol. 21v

Anleitung FÜR EIN *Ortolangehege*

VOR ALLEM DARF der für diesen Zweck vorgesehene Raum nicht zu sehr dem *Wind* ausgesetzt sein. Das spärliche LICHT soll nur dafür ausreichen, dass der Vogel Futter, Wasser und Sitzstange findet. Zweitens sollte er, wo das Licht hereinfällt, kein LAUB oder *Land* erkennen können, damit ihn nicht das Verlangen danach *schwermütig* macht. Drittens müssen Wasser und Gefäß der Tränke SAUBER sein, möglicherweise mittels eines *Trinkbrunnens*, gespeist von einem kleinen Kanal. Viertens sollte der Zugang zur EINFRIEDUNG klein sein. Fünftens muss der Raum gut verputzt sein, um ihn von *Mäusen* und anderem Getier frei zu halten (zudem sollte man ihn auch grau streichen). Sechstens sollte in jeder Ecke ein Stab mit kleinen Zweigen als SITZSTANGEN stehen. Es ist ein gewisser Abstand zur Wand einzuhalten. Die Sitzstangen sollen nach Art eines *Regals* in einer Kommode nach oben hin kleiner werden. Neben der Einfriedung sollte sich ein weiterer Raum befinden. Dieser sollte geöffnet werden, wenn man einige Vögel entnehmen möchte, sodass nur die benötigte Anzahl ohne AUFREGUNG hinein kann. Die Kammer sollte mittels einer *Zugschnur* zu schließen sein, damit die Übrigen nicht trauern und *schwermütig* werden, weil sie sehen, wie man ihre Gefährten nimmt und SCHLACHTET …

Die kleinen Vögel werden drei bis vier Jahre alt. Oftmals sterben sie vorzeitig an *übermäßiger* VERFETTUNG.

Über den
BERGFINKEN
oder
NORDFINKEN

Bergfink
Aquarell- und Deckfarbe
über schwarzer Kreide,
RCIN 927644

VON DEN ÜBRIGEN *Finken*, mit denen er sich den Namen teilt, unterscheidet man ihn durch Zusatz seines Lebensraumes. Da dies die BERGE sind, wird er Bergfink und in lateinischer Sprache *Montifringilla* genannt. Er ist nicht größer als ein SPERLING. Der Schnabel ist *kräftig* und *spitz*. Seine Farbe geht ins Gelbliche und an der Spitze ins Schwarze. Kopf, Nacken und Rücken changieren zwischen *Schwarz* und *Rostfarben*. Am Bürzel zeigt er ein wenig WEISS. Der Schwanz ist schwarz mit *zwei Federn* an den Seiten, die teils weiß und teils schwarz sind. Der KEHLFLECK ist schwarz, die Farbe der Brust zeigt orangefarbene Töne. Der *Oberbauch* ist weiß. Die Flügel sind schwarz gestreift und haben zwei Querstreifen: Der erste ist *rötlich* und *gelb* und der andere weiß. Die Beine sind ein wenig KRÄFTIGER als beim gewöhnlichen Buchfink.

Das Weibchen zeigt mehr von dem besagten ROSTTON und merklich weniger *Schwarz*. Zudem ist es unterhalb der Augen sowie an Kehle und Brust schlichter gefärbt als das Männchen.

Der Bergfink ist ein ZUGVOGEL. Er trifft während der *Kälte* ein, und zwar später als die anderen Vögel. Man sieht ihn vor allem, wenn es sehr kalt ist und Schnee liegt. Die VOGELFÄNGER sperren ihn in Käfige – allerdings eher, um ihn im Klappnetz einzusetzen, als wegen seines *Gesangs*. Mit Ausnahme eines Rufs, der dem Miauen einer KATZE gleicht, sind seine Laute gewöhnlich. Hält man Bergfinken aber in der Nähe anderer Vögel, eignen sie sich von diesen etwas an. Vor allem *Sperlinge* werden rasch perfekt nachgeahmt, so verleiht der Bergfink seinem eigentümlichen Gesang mehr Wohlklang. Die Gegenwart anderer Vögel BERUHIGT ihn und heitert ihn sofort auf ... Bergfinken ziehen in Trupps umher und ernähren sich, wie bei den anderen [*Finken*] beschrieben, von verschiedenen *Samen* und INSEKTEN. Im UMLAND von Rom sind sie recht selten. Man hält sie ihrer *Schönheit* wegen in Volieren und füttert ihnen im Käfig *Kolbenhirse* und *Hanfsamen*.

Über den
KERNBEISSER

SEIN FRANZÖSISCHER NAME ist bekannter als unser *italienischer*, dort nennt man ihn GROS-BEC, was Großschnabel bedeutet. In Italien heißt er Frisone oder auch *Frosone*. Manche nennen ihn, in Anlehnung an seinen französischen Namen, »NUSSKNACKER«, weil er dank der Härte seines Schnabels die Kerne von *Kirschen* und *Oliven* knackt und sich zum Gutteil davon ernährt. Auf Lateinisch nennt man ihn *Coccothraustes*. Sein Gefieder ähnelt stark dem des BUCHFINKEN, vor allem die Farbe der Flügel. Allerdings ist der Kernbeißer um ein Drittel größer und seine Gestalt ist gedrungener und massiger. Sein Kopf ist etwas größer als der des Buchfinken, und seine Proportionen entsprechen dem Körper. Der KRÄFTIGE, KURZE Schnabel ist am Ansatz so breit, dass er fast ein Dreieck bildet. Der Bereich um die *Augen* und unter dem Schnabel ist schwarz abgesetzt, während der Kopf eher *gelblich* ist und ins Rötliche tendiert. An Nacken und beiden Halsseiten hat er *grünliche Federn*. Der Rücken ist von dunklem Kastanienbraun und die Schwanzspitze weiß. Im Sommer findet man ihn in Wäldern oder im GEBIRGE, im Oktober zieht er ins flache Land.

Der Kernbeißer nistet in BAUMHÖHLEN und legt fünf oder sechs Eier. Er ernährt sich von Samen, vor allem *Hanf*. Außerdem frisst er KIRSCHEN, OLIVEN und *Beeren*, deren Kerne er aufbricht, um die Samen zu verzehren. Er verbeißt zudem die Knospen von Pflanzen, wie man es auch dem *Finken* nachsagt ... Man sollte ihn, wie erwähnt, mit Samen von *Hanf*, Kolbenhirse, GLANZGRAS und Ähnlichem füttern. Für die Tafel ist er vortrefflich geeignet, nicht aber als junger Vogel für die *Volierenhaltung*, weil er dann die anderen Vögel stört. Als SÄNGER wird er nicht sehr geschätzt. Die Vögel werden in der Regel so alt wie Buchfinken – manchmal mehr, manchmal weniger.

Kernbeißer
Aquarell- und Deckfarbe
über schwarzer Kreide,
RCIN 927657

Über den
GIMPEL

EINIGE AUTOREN NENNEN diesen Vogel nur *Fink*, bei anderen trägt er den Namen Buchfink. In Bologna heißt er SUFLOTTO (Pfeifer), weil sein Gesang dem Klang der ROHR- oder *Blockflöte* gleicht. Manche nennen ihn auch *Fringuel di Montagna* oder *Fringuel Montano*, was BERGFINK bedeutet. Andere nannten ihn wegen seiner Farbflecken an der Ober- und Unterseite Monachino oder *Kleiner Mönch*. Unabhängig davon kennt man ihn in nahezu jeder Sprache unter vielen Namen. Sicher ist aber, dass er – wegen der Röte seiner Brust – auf Lateinisch RUBICILLA (*Berggimpel*) und auf Griechisch *Pyrrhula* (Gimpel, Dompfaff oder *Blutfink*) heißt.

Der Gimpel ist ein ANMUTIGER Vogel. Sein Körperbau ist etwas größer als der eines gewöhnlichen Buchfinken. Er hat einen kurzen, breiten, ein wenig *gekrümmten* Schnabel, der schwarz ist und wie Pech *glänzt*. Die ZUNGE ist recht lang und breit. Sein Rücken ist von dunkler Farbe und tendiert zum *Blaugrau*. Kopf, Schwanz und die Spitzen der *Handschwingen* sind schwarz … Kehle, Brust und Oberbauch zeigen die leuchtende Farbe von *Mennige* (Bleirot) bzw. der GRANATAPFELBLÜTE. Unter den Flügeln ist er weiß. Seine Beine und Füße sind *dünn* und *schwarz*. Das Männchen unterscheidet sich durch die rote Färbung vom Weibchen. Letzteres zeigt an diesen Stellen ein mit Grau vermischtes KASTANIENBRAUN.

Manche Autoren *verwechseln* ihn häufig mit dem *Rotkehlchen*, zumal dieser Vogel RUBECULA genannt wird und jener Rubi-

Gimpel
Aquarell- und Deckfarbe
über schwarzer Kreide,
RCIN 927670

➳ FORTSETZUNG

cilla. Dabei sind die Unterschiede ganz eindeutig: Das Rot des Ersteren tendiert zum ROSTFARBENEN und das des Letzteren zur Farbe von *Mennige*. In seinem Körperbau gleicht das Rotkehlchen einer *Grasmücke*. Dahingegen ist der Gimpel massiver, besitzt einen großen Kopf und einen kräftigen, gekrümmten Schnabel. Der eine zeigt sich im WINTER und der andere im *Sommer*. Verwechslungen lassen sich also kaum entschuldigen.

Der Gimpel lebt in den Bergen, vor allem bei BOLOGNA und MODENA. Im Winter kommt er manchmal in die *Ebenen*. Er nistet im Dickicht und legt vier Eier. In der Natur ernährt er sich von RAUPEN, *Hanfsamen* und mancherlei *Beeren*. Im Frühling verursachen die Vögel beträchtlichen Schaden an Obstbäumen, zumeist an Apfel- und Birnbäumen, indem sie die Knospen fressen, sodass die ERNTE schlecht ausfällt. Sie lassen sich leicht beruhigen, sodass sie in *Volieren* sowie im Haus nisten und *brüten*. Sie lernen es, jeden gewünschten Ruf oder Schrei NACHZUMACHEN, auch die Rufe anderer Vögel. Manche lernen gar einige Wörter. Das Weibchen SINGT NICHT WENIGER als das Männchen, was *ungewöhnlich* ist.

Gimpel (Weibchen)
Aquarell- und Deckfarbe
über schwarzer Kreide,
RCIN 927651

Stieglitz
Aquarell- und Deckfarbe
über schwarzer Kreide,
RCIN 927619

Über den
STIEGLITZ

UNTER DEN SINGVÖGELN nimmt der *Stieglitz* einen Ehrenplatz ein. In der Toskana wird er CALDERUGIO (*Distelfink*) genannt und auf Lateinisch *Carduelis*. Wäre er nicht so zahlreich, brächte man ihm noch MEHR WERTSCHÄTZUNG entgegen, denn er ist nicht nur schön, sondern auch ein wahrer *Sänger*. Das Männchen ist einer der besten Singvögel, es lernt bereitwillig die Gesänge des *Hänflings*, der *Mönchsgrasmücke* und des KANARIENVOGELS. Daraus formt es einen gemischten Gesang, der überaus lieblich klingt. Dies gelingt allerdings nur mit NESTLINGEN oder Vögeln, die gerade flügge sind. Das Männchen erkennt man an verschiedenen Merkmalen: Es hat einen *längeren, größeren Schnabel*. Sein Kopf zeigt schwarze und leuchtend rote Flecken. Die Spitzen der HANDSCHWINGEN sind bis zur Mitte ebenfalls *tiefschwarz* neben leuchtendem Gelb. Die Flügel der Weibchen sind eher *grünlich*. Bei Nestlingen oder JUNGVÖGELN sind diese Farben nicht zu sehen.

Zum Zweck der Aufzucht muss man sie aus dem NEST nehmen, wenn sie bereits *gefiedert* sind. Sie sollten auf folgende Art ernährt werden: Man nimmt *ciambellete* (kleine KUCHEN), geschälte *Mandeln* und *Melonenkerne*, zerstampft all dies miteinander und bereitet daraus einen Teig. (Dasselbe kann man mit WALNÜSSEN und ein wenig *Marzipan* tun.) Aus dieser Mischung formt man Kügelchen, so klein wie *Wickensamen*. Den Vögeln bietet man diese mit einem Stöckchen an, einem jeden KÜKEN derer drei oder vier. Ist dies geschehen, befestigt man am anderen Ende des Stöckchens ein wenig BAUMWOLLE. Diese *taucht* man in Wasser und reicht sie jedem Vogel, wobei man sie jeweils neu eintaucht … Am besten geeignet sind im *August* geschlüpfte Küken und jene, die man in NESTERN in *Schlehen*, im Gesträuch und in ORANGENBÄUMEN findet. Auch im Mai und im Juni schlüpfen Küken. Stieglitze leiden oft unter *Schwindel* und *Fallsucht* sowie SCHWINDSUCHT und Trübsinn … Bei guter Gesundheit und Pflege werden sie zehn bis fünfzehn Jahre alt.

Grünfink
Aquarell- und Deckfarbe über Spuren von schwarzer Kreide, RCIN 927627

Über den GRÜNFINKEN

GENAU WIE WIR beim *Rotkehlchen* geschrieben haben, das allein schon sein Name alles über seine GESTALT und MERKMALE verrät, so verhält es sich auch bei diesem Vogel, den wir *Grünfink* nennen, weil er in seiner Gänze grün ist. Sein lateinischer Name *Chloris* leitet sich vom griechischen Wort für GRÜN ab ... Der Vogel ist etwas größer als ein *Sperling*. Er ist vollständig grün, die Unterseite tendiert zum Gelblichen, die Oberseite zum Dunkelgrünen mit BEIMISCHUNGEN von etwas erdigem *Umbra* oder auch *Ocker*. Sein abgerundeter Schnabel ist spitz, kurz und kräftig und nahe dem Körper ein wenig WEISSLICH.

Das Weibchen ist viel weniger farbenfroh als das Männchen und zeigt nur wenig Grün. Der Grünfink nistet in TÄLERN und nicht in den Bergen. Das gut mit WOLLE und *Haaren* ausgepolsterte Nest baut er bisweilen in *Weiden* oder im Gras, meist aber inmitten von Beinwellpflanzen. Er legt drei bis vier Eier und singt recht lieblich, vor allem in Gesellschaft anderer Vögel. Er lässt sich leicht ZÄHMEN und gewöhnt sich daran, auf die Hand zu kommen. Dort sitzt er und sortiert überaus geschickt die *Überreste* seines *Futters* aus. Vogelfänger, die gerne das KLAPPNETZ nutzen, halten meist einige Grünfinken, weil deren Ruf eine große Zahl Vögel anlockt.

In der Natur frisst er die Samen von DISTELN, Kletten, *Rüben* und Phalaris [Glanzgras]. Im Käfig gibt man ihm *Kolbenhirse*, Hanfsamen und GLANZGRAS. Der Vogel wird fünf bis sechs Jahre alt.

Über den BUCHFINKEN

DER BEI UNS heimische *Buchfink* trägt diesen Namen, um ihn vom *Bergfinken* zu unterscheiden. Auf Lateinisch heißt er FRINGILLA. Er ist ein *kleiner Vogel* und so groß wie ein Sperling oder sogar etwas größer. Er hat einen großen, kräftigen, FLEISCHFARBENEN Schnabel, dessen Spitze ins *Schwarze* geht. Kopf und Nacken gehen ins TÜRKISE. Der Rücken ist *kastanienbraun*, der Bürzel grünlich, die Brust rot bis rotbraun. Die Flügel sind GESCHECKT. An beiden Seiten haben sie weiße Federn, die in der *Mitte* und an der Spitze schwarz sind. Der Schwanz sieht ebenso aus, nur seine BEIDEN äußeren FEDERN sind weiß.

Das Weibchen erkennt man an dem SCHMALEREN Kopf und der schlichteren Farbe, vor allem jedoch daran, dass seine *Brust* mehr graue Stellen aufweist als beim Männchen. Exemplare von kleinerer und SCHLANKERER Gestalt sind bessere *Sänger* als die anderen.

Der Buchfink zählt zu den ZUGVÖGELN. Dies trifft zu, obgleich man in unseren Landen stets einige findet, die *sommers* in die *Berge* ziehen. Manche singen schlicht mit einem recht KURZEN RUF. Andere hingegen haben einen langen Ruf, den sie fortwährend wiederholen. Letztere schätzt man für die Jagd mit dem *Klappnetz*, wo man sie als Lockvögel einsetzt. Der Buchfink brütet im Sommer im Gebirge und nistet in EICHEN in *trockenen Zweigen*. Sein Nest besteht außen aus BAUMFLECHTEN sowie *wollenem Material*, das von verschiedenen Bäumen und Pflanzen zu Boden fällt. Buchfinken haben in jeder Brut vier bis fünf *Küken*. Nestlinge sollten genauso aufgezogen werden wie STIEGLITZE und andere *kleine Vögel*. Man hält die Jungvögel unter der Obhut eines alten guten *Buchfinken*. Dadurch erlernen sie, lange und schön zu singen. Neben dem Gesang kann man ihnen auch leicht BEIBRINGEN, das Futter zu sich hinzuziehen und aus einer *kleinen Tasse* zu trinken. Sie behelfen sich dabei nicht nur mit dem Schnabel, sondern auch mit ihren FÜSSEN. Möchte man, dass sie viel singen, füttert man ihnen ein wenig BROT und vorgekauten *Schafskäse* – also Koch-

Buchfink
Aquarell- und Deckfarbe
über schwarzer Kreide,
RCIN 927646

➳ FORTSETZUNG

käse. Man sollte darauf achten, dass dieser ungesalzen ist. Zu demselben Zwecke füttert man ihnen ebenfalls HEUSCHRECKEN oder WÜRMER, wie man sie auch der *Nachtigall* gibt. In unseren Gefilden treffen sie im Herbst ein. Zu dieser Jahreszeit fängt man sie in großer *Zahl* mit dem Klappnetz. In der kälteren Jahreszeit jagt man sie mit dem STEINKAUZ. Der Buchfink ist ein recht scheuer und *vorsichtiger* Vogel. Bemerkt er nur den kleinsten Hinweis auf eine Falle – sei es ein Netz oder eine *Leimrute* – wird er nicht herabkommen, mögen seine GEFÄHRTEN auch noch so sehr locken und rufen.

Um zur Jagdzeit über gute Sänger zu verfügen, halten die *Vogelfänger* die Buchfinken im Frühling und im *Sommer* EINGESCHLOSSEN, damit sie ihren Gesang nicht erklingen lassen. Sie fangen trotzdem nicht viele Buchfinken. Denn diese *singen nicht*, sobald sie einen WINDHAUCH verspüren oder eine andere Störung vernehmen. Da sie, wie bereits beschrieben, SCHEUE, VORSICHTIGE und *misstrauische* Vögel sind, kommen sie nur herunter, wenn sie ohne Unterlass GELOCKT werden. Ihr gewöhnliches Futter sind *Kolbenhirse* und einige GRÄSER. Sie erblinden häufig und werden sieben bis acht Jahre alt.

Ein Jäger, der einen Stierkopf trägt, nähert sich einer Gruppe von Rebhühnern
Im Hintergrund ist ein Fangkäfig zu sehen (»*Modo da pigliar le starne*«). Stich aus Giovanni Pietro Olina: *Uccelliera*, 1622, fol. 56v

Über die
NACHTIGALL

DIESEM VOGEL IN dem vorliegenden kleinen Werk einen anderen Platz als den ersten einzuräumen, würde alldem UNRECHT tun, worin sich die Autoren – ob *alter* oder *neuer* Zeit – allesamt einig sind. Lassen wir der Nachtigall also jenen Rang, den ihr die KUNSTFERTIGKEIT ihres Gesangs nach *Meinung* so vieler eingebracht hat. Zu Beginn der ausführlichen Beschreibung ihrer GESTALT und ihrer MERKMALE sei gesagt, dass der toskanische Volksmund sie *Rusignuolo* und *Usignuolo* nennt. Auf Lateinisch heißt sie LUSCINIA, was sich entweder davon herleitet, dass sie in *Hainen* (lateinisch LUCI) singt oder – so andere – von ihrem Lied, welches sie vor dem ersten Tageslicht anstimmt [von lux und canere = bei Licht singen].

Die Nachtigall ist ein *Zugvogel*. Man sagt, sie kommt jedes Jahr aus der LEVANTE und trifft bei uns etwa zwischen dem Tag der *Verkündigung des Herrn* und Ende APRIL ein. Ebendorthin kehrt sie Anfang NOVEMBER oder sogar früher wieder zurück. Bei seiner Ankunft beansprucht das Männchen für sich ein Gebiet, als wäre dies sein *Lehen* oder *Besitz*. Dort duldet es, ausgenommen seiner GEFÄHRTIN, keine anderen Nachtigallen. An diesem Platz singt es auch. Man findet Nachtigallen meist an kühlen, schattigen Orten, im *Dickicht*, an baumgesäumten Wegen, bei HECKEN und ähnlichen Orten, wo die Bäume nicht sehr hoch sind, da sie Bäume, mit Ausnahme von EICHEN, meiden. Die Nachtigall brütet im *Mai* oder *August*. Ihr Nest baut sie in Büschen, im Gestrüpp oder im Wald und kleidet es mit BLÄTTERN, Stroh, Klematis (*Bettlerskraut*) und Bartflechten aus. Sie legt vier oder fünf Eier. Damit ihr Nistplatz nicht bekannt wird, singt die Nachtigall nicht in dessen Nähe, sondern meist einen Steinwurf entfernt.

FORTSETZUNG

Die AUGUSTBRUT gilt als die beste. Zu dieser Zeit ist die *Mischung der Säfte* des Vogels wärmer und trockener. Aus diesem Grund *bevorzugen* auch viele Halter Tiere aus den Bergen gegenüber denen aus den Ebenen. Am gefragtesten sind Vögel, die aus feuchten und SUMPFIGEN GEFILDEN stammen, da dies dem Instrument der *Stimme* förderlich ist. Man nimmt sie aus dem Nest, sobald sie gut *befiedert* sind, und setzt sie in einen WEIDENKORB für Weinflaschen. Diesen *polstert* man mit ihrem eigenen Nest oder mit Stroh und *Heu* aus, damit sie darin bleiben. Man faltet ihre *Beine* und hält sie zunächst ABGESONDERT. *Acht-* oder *zehnmal* am Tag gibt man ihnen aus der Hand Ochsenherz oder rohes Kalbfleisch, von HAUT, Nerven und Fett gesäubert. Daraus schneidet man Stücke von der Größe eines *Federkiels* und füttert jedem Küken zwei oder drei

Nachtigall
Aquarell- und Deckfarbe,
RCIN 927607

Stückchen. Gelegentlich gibt man ihnen stattdessen hart gekochtes EIGELB. Man tränkt die Küken zwei- oder dreimal am Tag mit in Wasser getauchter *Baumwolle* an der Spitze eines Stöckchens. So fährt man mit allem fort und hält sie ABGEDECKT, bis sie gut auf ihren Beinen stehen können. Dann setzt man sie in einen *Käfig* mit frischem Stroh auf dem Boden. Man VERSORGT sie weiter wie oben beschrieben, bis sie selbstständig zu picken beginnen.

Sind sie älter, legt man ihnen kleine PASTAKÖRNER (zubereitet wie unten beschrieben) in ein *Kästchen* auf eine Seite des Käfigs. Auf der anderen Seite füttert man Herz (wie oben beschrieben) auf einem kleinen viereckigen STEINTABLETT, das ebenfalls in ein *Kästchen* gesetzt wird, damit es nicht verrutscht.

Unter den Nestlingen erkennt man die Männchen daran, dass sie sich nach dem Fressen zur oberen Seite des Käfigs ORIENTIEREN, wo sie *zwitschern* und *plappern*, wobei sich ihr KEHLFLECK be-

➳ FORTSETZUNG

wegt. Die jungen Weibchen tun das nicht oder kaum. Die Männchen stehen auch gelegentlich eine Weile AUF EINEM BEIN. Zu anderen Zeiten jagen sie plötzlich *wie toll* im Käfig hin und her. Man ist sich gemeinhin einig, dass NESTLINGE schlechter als *wilde* singen. Schließlich ist dies nur folgerichtig, da Vater und *Mutter* sie das Singen lehren. Weshalb die WILDLEBENDEN besser singen als die anderen. Um sie zu guten Sängern zu machen, sollte man sie daher *nah* bei einem Tier *halten*, das den echten Wildruf beherrscht. Meine eigene Erfahrung hat mir gezeigt, dass dies FALSCH ist: Denn den einen Vögeln glückt der Gesang so gut wie den anderen, es ist also eine *Gabe der Natur*, und sie stimmen ohne LEHRMEISTER den typischen Ruf an, der ihrer Art angeboren ist.

Bei der wild lebenden Nachtigall erkennt man das MÄNNCHEN daran, dass seine Augen größer sind als beim Weibchen, sein Kopf ist *runder* und ein wenig breiter, der Schnabel ist länger, die Beine sind GRÖSSER und sein Schwanz länger. Ferner ist das Männchen *leuchtender gefärbt*. Im Frühjahr während der BALZ lassen sie sich leicht anhand der Schwellung an ihrem *Genital* unterscheiden. Bei Tieren frisch aus dem Nest kann es Schwierigkeiten bereiten, die Nachtigall vom *Rotschwanz* zu unterscheiden. Man achte dabei auf den Ruf, der bei der NACHTIGALL wie »*Ziscra*« oder »*Ciscra*« klingt.

HALTUNG und AUFZUCHT eines Wildfangs werden in den folgenden Kapiteln beschrieben. Hier soll folgender Hinweis genügen: Sind sie scheu und zurückweichend und *verweigern sie das Futter*, füttert man ihnen Larven oder MADEN (wie man sie in Kleie findet) oder Fliegen in einem verschlossenen Käfig ohne *Sitzstangen*. Um die Vögel an den Verzehr von Fleisch zu gewöhnen, bindet man gelegentlich einige dieser Larven an ein kleines Stück Herz.

Man sagt, dass AMEISENEIER ihnen als *Medizin* dienen. In Deutschland, vor allem in Nürnberg, bietet die Landbevölkerung derart viele Nachtigallen feil, dass man sie in *Viertellitern* misst wie bei uns KOLBENHIRSE.

Der Vogel singt am besten von *April* bis *Mitte Mai*. Im Sommer singen nur wenige – entweder, weil sie sich MAUSERN oder weil sie unter der Hitze leiden. Hält man die *Nestlinge* in einem warmen Raum oder an einem Ort mit gemäßigter TEMPERATUR, singen die meisten im Herbst und etliche im Winter. Nachtigallen neigen dazu, *Fett anzusetzen*, dann sollte man sie abmagern. Hierfür gibt man ihnen zwei- oder dreimal die Woche einige MADEN, entweder aus Kleie oder von einem *Misthaufen*, jedoch nur zwei oder drei zur gleichen Zeit. Werden sie hingegen zu dünn, füttert man ihnen (falls erhältlich) frische FEIGEN, sonst getrocknete, *pralle* und gut durchgekaute Früchte. Die Vögel werden so zutraulich, dass sie nicht nur im Käfig mit *Anmut* auf den Finger kommen, sondern dort auch außerhalb des Käfigs bleiben. Außer SALZIGEN Dingen dürfen sie dann alles fressen.

Gemeine Nachtigall (»*Rusignuolo*«)
Stich aus Giovanni Pietro Olina: *Uccelliera*, 1622, gegenüber fol. 1

DIE HERSTELLUNG VON

Pasta als Futter

FÜR DIE NACHTIGALL

ZUNÄCHST BENÖTIGT MAN zwei oder drei Pfund gesiebtes *Kichererbsenmehl*, ein halbes Pfund *Mandeln*, vier Unzen Butter sowie vier hart gekochte und zerdrückte EIGELBE. Man schält die Mandeln und zerstampft sie fein. Anschließend vermengt man die erwähnten Zutaten und verarbeitet sie mit dem Mehl besagter Kichererbsen in einem Kessel wie bei der Herstellung von ZUCKERMANDELN …

Ein Pfund *Honig* und drei Unzen Butter zum Schmelzen in ein neues Kochgefäß geben. Ist alles FLÜSSIG und durchgekocht, nimmt die Person, welche die Pasta zubereitet, einen *flachen Löffel* zur Hand. Eine andere nimmt einen Schöpflöffel mit einem oder ZWEI LÖCHERN darin. Damit schöpft sie nach und nach die Honig-Mischung ab und *gießt* sie langsam in den Teig, was durch die besagten Löcher besser gelingt. Die erste Person RÜHRT fortwährend, bis alles gut unter den besagten Teig gemischt wurde und er *körnig* wird. Im Sommer genügt dies. Im Winter muss man – damit die Speise erwärmend und appetitanregender wird – auch Safran in Wert einer KUPFERNEN BAIOCCO-MÜNZE hinzufügen. So wird der Vogel lebensfroher …

Ist die Pasta KÖRNIG und hat eine gelbe Farbe angenommen, nimmt man sie vom Feuer und drückt sie mit der Hand durch ein *Sieb* mit runden Löchern … So schnell als möglich breitet man sie zum Trocknen auf einem Tisch mit weißem TISCHTUCH aus. Ist die Pasta getrocknet, legt man sie in ein Glas oder eine *Schachtel* und kann sie zur Fütterung der besagten Nachtigall verwenden.

links **Das Abwiegen, Sieben und Kochen von Pasta, um Nachtigallen damit zu füttern**
Stich aus Giovanni Pietro Olina: *Uccelliera*, 1622, fol. 4v

WIE MAN *die Nachtigall* ZUM SINGEN ERMUNTERT

NUR WENN DIE Menschen genaues Wissen über die *Natur* haben, wie es sich durch lange BEOBACHTUNG und NACHDENKEN gewinnen lässt, dann können wir – denen jede ungewöhnliche Erscheinung *Vergnügen* bereitet – *verstehen*, wie die Natur manchmal mit den rechten und angemessenen Mitteln beeinflusst werden kann. Von daher rührt auch unser Verständnis über das WUNDER des Wachstums der Pflanzen und deren Vermehrung, die Veränderung der *Farben* von Blumen, wie man diese zu jeder Jahreszeit oder mit STÄRKEREM Duft zieht sowie Früchte mit heilsamen oder SCHÄDLICHEN Eigenschaften fördert und von Tausenden weiteren merkwürdigen und *kuriosen* Dingen (nicht nur die erwähnten, sondern auch unendlich viele andere), wie man es den Schriften von *Francesco Giorgi* Veneto, Roger Bacon, Giambattista della Porta und MANCHEN DEUTSCHEN entnehmen kann.

Dass man die Nachtigall mit Kunstfertigkeit dazu bringen kann, mehr zu singen oder außerhalb der natürlichen *Jahreszeit*, ist aber kein Wunder. Gibt man ihr im Winter zu ihrer Pasta einige gemahlene *Pinienkerne* und in den Trinknapf einen oder zwei Fäden SAFRAN, so erwärmen und erfreuen diese beiden Dinge sie: Ohne *Schaden* regen sie sie zum Singen an. Auch das *Verständnis*, das dieser kleine Vogel für HARMONIEN und Musik hegt, ist unendlich nutzbringend. Veranstaltet man in dem Raum, in dem die Nachtigall gehalten wird, ein liebliches Konzert aus *Klängen* oder *Stimmen*, regt sie Selbiges ganz wundervoll ➳

rechts **Musizieren, um die Nachtigall zum Singen zu ermuntern**
Stich aus Giovanni Pietro Olina: *Uccelliera*, 1622, fol. 2v

➳ FORTSETZUNG

zum Singen an. Dergleichen erleben wir bei PAPAGEIEN: Da sie gewohnt sind zu *plappern* und zu *reden*, erheben sie, sobald sie die STIMMEN verschiedener Personen hören, ihrerseits die Stimme. Die Vögel *wetteifern* geradezu, möchten obsiegen und veranstalten mit ihrem *Kreischen* ein außerordentliches GEZETER. Des Weiteren werden Tiere auch in hohem Maße durch Gerüche angeregt. Katzen, denen man BERGMINZE in ein Bündel einnäht wie in einem *Ball*, stürzen sich darauf und werden, wie man liest, geradezu verrückt. Bei Hunden ist es der Geruch im *Hemd ihres Besitzers*: Schlafen sie manchmal darauf, nehmen sie die Angewohnheit an, ihm, wie durch einen Zauber gebannt, zu folgen. WÖLFE, Füchse und *Bussarde* lockt der Geruch von Aas über viele Meilen an – um das sie dann kämpfen. Für TAUBEN ist das Aroma von Kreuzkümmel so unwiderstehlich, dass ein öffentliches *Verbot* seinen Gebrauch untersagte.

So, wie die Nachtigall andere Vögel im Gesang übertrifft, ist sie auch bei der Auswahl von Gerüchen von erlesenem SCHARFSINN und *Klugheit*. In der Natur VERWEILT sie aus diesem Grund gern bei duftenden Kräutern. Wie von einigen Autoren beschrieben, erfreut sie sich an diesen, und besonders an einem, das *wohlriechend* ist und *Muschia* genannt wird. In Ermangelung desselben hat man es mit ECHTEM MOSCHUS versucht: Man umwickelte ein oder zwei Körner davon mit etwas Baumwolle und legte sie auf die Stöcke, die im Käfig als *Sitzstangen* dienten. Dies regte den Vogel wirksam zum Singen an. *Gleichermaßen erfolgreich* hat man dies in der Natur an wilden Vögeln mit einer SALBE aus denselben Stoffen ausprobiert. Angenehme und INTENSIVE Düfte erwärmen den Vogel wohl und *bringen ihn* zum Singen. Das *Experiment* darf man allerdings bei Käfigvögeln nicht während der BALZ versuchen. Denn es schadet ihnen, wenn sich Moschus oder die Salbe ständig auf den *Stangen und Stöckchen* des Käfigs befindet. Die erwähnten Stöckchen muss man, wenn diese als SITZSTANGEN dienen, im Winter mit *grünen Dornenranken* bedecken.

Über den
STAR

ES GIBT NIEMANDEN, dem der *Star* (auf Lateinisch *Sturnus*) unbekannt sein dürfte, denn in so gut wie jedem Land sieht man ihn in GROSSER ZAHL. Man könnte daher hier auf seine Beschreibung *verzichten*, doch soll die bewährte Systematik fortgesetzt werden. Der Star gleicht in Größe und Aussehen der AMSEL. Auf seinem gesamten Körper ist die schwarze Farbe Hintergrund für helle, grünliche *Sprenkel* und Partien an den Flügeln, am HALS und UM DIE AUGEN, die einen leichten Schimmer in Grün und Rot aufweisen (wie die Färbung von *Tauben*). Die Spitzen der Flügel sind dunkelgrün. Der Schwanz ist kurz und schwarz. Der Schnabel ist *kräftig* und *länger* als bei der Amsel. Die Füße sind rötlich mit SCHWARZEN Krallen. Das Weibchen lässt sich gut vom Männchen unterscheiden, weil es nicht dieselbe Farbvielfalt zeigt wie oben beschrieben. Es hat überdies einen kleinen Fleck in der HELLEREN IRIS, die beim Männchen *gänzlich schwarz* ist. Bei Starenküken im Nest sind Rücken, *Flügel* und Schwanz schwarz, Kopf, Nacken und *Oberbauch* dagegen grün.

Stare findet man zahlreich auf WEIDEN, vor allem auf offenem Weideland mit *Wasser und Vieh*. Sie sitzen auch sehr oft auf hohen Gebäuden sowie auf Dächern und TAUBENSCHLÄGEN von Häusern, wo sie genauso nisten wie *Sperlinge*. In der Natur bauen sie ihre Nester in *hohen Bäumen*, vor allem in Kastanien, sowie in Wäldern und BERGEN. Sie *brüten* zwei- oder dreimal im Jahr und ziehen jeweils vier oder fünf Küken auf. Für gewöhnlich fängt man Stare, die sich auf DÄCHERN und Gebäuden aufhalten, mit Gefäßen aus *unglasierter Terrakotta*, die wie die *Feldflaschen* der Landbevölkerung auf der einen Seite flach und auf der anderen bauchig sind. Die flache Seite hat eine Öffnung, die gerade

➳ FORTSETZUNG

groß genug ist, damit man hineingreifen kann. Das Gefäß HÄNGT man an den Wänden der Häuser auf. *Stare* ebenso wie *Sperlinge* legen ihre Eier ohne Argwohn hinein. Sind die Vögel herangewachsen, NIMMT man sie HERAUS. Die Altvögel kehren mehrere Male zurück, um dort erneut zu brüten. Dies soll eine Erfindung der *Flamen* sein.

Was ihre KOST anbelangt, so ernähren sie sich für gewöhnlich von verschiedenen *Beeren*. Sie verschmähen aber weder Weintrauben noch Oliven oder *Futtergetreide*, insbesondere Rispen-, Kolben- und MOHRENHIRSE. Sie fressen auch nahezu jedes Obst.

Rosenstar (Weibchen)
Aquarell- und Deckfarbe über schwarzer Kreide, RCIN 927661

Oft stürzen sie sich mit so großer Inbrunst darauf, dass bei ihrer Ankunft – aufgrund ihrer ANZAHL und wegen der HEFTIGKEIT ihres Vorgehens – ein *grässlicher Lärm* die Luft erfüllt, ähnlich einem Hagelsturm. Für gewöhnlich fliegen sie in TRUPPS, was ihnen Schutz vor den Angriffen des Baumfalken bietet: Sobald sie *attackiert* werden, *ziehen* sie sich zu einer Kugel *zusammen* und erzeugen durch kräftigen Flügelschlag so viel Wind, dass der Angreifer nicht näher kommen kann. Aus dem Nest GENOMMEN und in Käfige gesperrt, hält man sie als *Singvögel* – allerdings mehr wegen ihres LERNVERMÖGENS als wegen ihres natürlichen Rufs. Man kann ihnen auch gestatten, sich frei im Haus zu bewegen, weil sie *wunderbar* zahm werden. ➳

Gemeiner Star
Aquarell- und Deckfarbe über schwarzer Kreide, RCIN 927663

➳ FORTSETZUNG

Den NESTLINGEN gibt man *Herz* zu fressen, das in Stücke von der Größe eines *Federkiels* geschnitten ist. Hiervon jeweils drei oder vier Stücke. Wie bereits beschrieben, füttert man sie mit einem STÖCKCHEN an, bis die Vögel alleine fressen können. Ansonsten gleicht ihr Futter dem der *Nachtigall*. Exemplare, die aus den Wäldern stammen, fressen alles. Der Vogel wird fünf bis sechs Jahre alt.

Gemeiner Star (»*Storno*«)
Im Hintergrund ist ein kugelförmiger Nistkasten zu sehen.
Stich aus Giovanni Pietro Olina: *Uccelliera*, 1622, fol. 17v

Über den
ROTSCHWANZ

IN HAINEN UND baumgesäumten Alleen findet man ihn in Gesellschaft von NACHTIGALLEN oder *Feigendrosseln*. Auf Lateinisch heißt er *Ruticilla* und PHENICURUS. Die Franzosen nennen ihn »Nachtigall der Mauern«. Mit Ausnahme der Färbung ähnelt er der Nachtigall, die *ein bisschen größer* ist. Es gibt zwei Arten, nämlich den GROSSEN und den KLEINEN Rotschwanz. Die größere Art ist etwas kleiner als eine Drossel. Der Kopf ist ein wenig abgeflacht oder, wie wir sagen, niedergedrückt, dort, wo er vom SCHNABEL aus aufsteigt. Der Schnabel wiederum ist an der Basis recht breit, wird dann schmaler und *außerordentlich zierlich*. Er ist schwarz, aber nicht sehr dunkel. Kopf und Nacken sind ASCHFARBEN mit einigen erdfarbenen *Tupfen*. Brust und Oberbauch sind rostfarben. Umrahmt ist diese Farbe von einigen SCHWARZEN FEDERN, unter die weiße gemischt sind. Jene Partien haben dadurch eine gewellte oder *gekräuselte* Anmutung. Die Seiten und der Schwanz haben denselben HELLEN Rostton, wie er an der Brust des *Rotkehlchens* zu sehen ist. Rücken und Bürzel sind von *dunklerem Grau* als Kopf und Nacken. Auch die Spitzen der Federn sind in einem ROSTTON gesäumt, doch recht spärlich und ohne *Leuchten*. Für die Flügel gilt dasselbe. Knapp unterhalb des Auges ist der Vogel wie mit *rostigen Tropfen* besprenkelt, die zum Genick hin verlaufen. Die recht dünnen Beine sind weißlich. Der *Kleine Rotschwanz* gleicht in der Gestalt der Nachtigall, er ist allerdings etwas kleiner. Sein KOPF, Nacken und Rücken sind BLEIFARBEN, also

➳ FORTSETZUNG

dunkelgrau. Der KEHLFLECK und die Brust sind schwärzlich mit einigen weißen Federn. Am Ansatz des *Oberbauchs* und weiter unten zum Schwanz hin ist der Vogel von dunkler ASCHFARBE. Sein Kopf ist rostfarben. Die Flügel sind *heller* als der Bürzel und spielen fast ins *Kastanienbraune*. Schnabel und Füße sind sehr zierlich. Bei beiden Arten ist der Schnabel schwarz mit GELB. Der Vogel sucht zur selben Zeit dieselben Orte auf wie die *Feigendrossel*. Der Rotschwanz bevorzugt aber statt der Ebene die *Berge* und frische Kühle. Man sieht ihn im Sommer und in den ersten beiden HERBSTMONATEN. Im November zieht er sich zurück, um der *Strenge* des Winters zu entfliehen. Wie die Nachtigall singt er im Frühling. Der Rotschwanz nistet in BAUMHÖHLEN, gelegentlich nahe am Boden in trockenem Gezweig oder in *Mauerritzen* verfallener Häuser. Er legt zwei oder drei Eier. Wie das *Rotkehlchen* bewegt der Rotschwanz oft seinen Schwanz.

In der *Natur* ernährt er sich von verschiedenen Beeren, vor allem denen des HARTRIEGELS. Außerdem frisst er Feigen, *Brombeeren* sowie Fliegen, *Ameiseneier* und dergleichen. Wenn man den Rotschwanz im Haus als Singvogel aufziehen will, gibt man ihm PASTA und HERZ.

Er bedarf sehr umsichtiger Pflege, denn er ist *wählerisch* und schwerer zufriedenzustellen als die Nachtigall. Oft füttert man ihm auch Brotkrumen und ZERKAUTE WALNÜSSE. Wegen ihres Gesanges wählt man die Männchen. Ihre Brust ist stärker *gesprenkelt* und die Farbe RÖTLICHER. Die wild lebenden Tiere singen vom Frühling bis zum Sommeranfang. Haben sie ein GELEGE, stellen sie das Singen ein. Der Rotschwanz singt üblicherweise *frühmorgens*, mal auf Sträuchern, mal auf VERLASSENEN GEBÄUDEN sitzend. Darin unterscheidet er sich kaum vom *Einsiedlersperling*. Im Haus aufgezogene Tiere singen zu JEDER ZEIT, tags wie nachts. Lehrt man es sie, können sie auch andere Vögel *imitieren*. Der *größeren* Art glückt dies besser und sie eignet sich auch besser als die ➳

Gartenrotschwanz
Aquarell- und Deckfarbe
über schwarzer Kreide,
RCIN 927637

Steinrötel
Aquarell- und Deckfarbe über schwarzer Kreide, RCIN 927653

rechts **Gemeiner Rotschwanz (»*Codirosso ordinario*«) und Steinrötel (»*Codirosso magire*«)** Die Vögel wurden als Großer und Kleiner Rotschwanz auf einer Tafel in der *Uccelliera* dargestellt, heute weiß man, dass es sich hierbei allerdings um zwei unterschiedliche Gattungen handelt. Stich aus Giovanni Pietro Olina: *Uccelliera*, 1622, fol. 46v

➳ FORTSETZUNG

KLEINERE für das Leben im Haus. Man fängt den Rotschwanz mit dem *Netz* und mit der BOGENFALLE. Der Vogel wird sechs bis acht Jahre alt.

Über die DROSSEL

DER FÜR IHREN *Gesang* ebenso wie für die TAFEL geschätzten Drossel gebührt eine Erwähnung, obwohl sie recht bekannt ist und das meiste, was man über sie weiß, *bereits* niedergeschrieben sein sollte. Es sei deshalb nur erwähnt, dass man ihre Gattung auf Lateinisch TURDUS nennt. Durch Zusätze zu diesem unterscheidet man *drei Arten*: Die erste ist die GRÖSSERE Drossel. Man nennt sie *Viscivorus* (Misteldrossel), zumal man sie meist auf Bäumen mit Misteln sieht, deren Früchte sie ÜBERAUS SCHÄTZT. Auf Italienisch nennt man sie gemeinhin *Tordela*. In der Lombardei heißt sie DRESSA oder Mistelvogel sowie *Sturmhahn*. Sie ist etwas kleiner als ein HÄHER und dunkler als die anderen Drosseln. Auf der Brust trägt sie *Tupfen* mit ein wenig Gelb, das ins ROSTFARBENE spielt, nicht unähnlich der weiblichen Amsel.

Bezüglich der *Misteln* ist zu erwähnen, dass *Scaliger* und nach ihm *Aldrovandi* der verbreiteten Meinung WIDERSPRECHEN, diese Pflanze *entstünde* aus dem Kot jenes Vogels. Beider *Argument* lautet, dass man dann MISTELN auf vielen Bäumen sehen müsste, was jedoch nicht der Fall sei. Die Mistel entsteht vielmehr aus einer *lebenskräftigen Wucherung* jenes Baumes, auf dem sie wächst – fast wie aus einem Samen. In gleicher Weise sehen wir es bei EICHENGALLEN. Dies soll als Erklärung genügen.

Die zweite Art ist die *Wacholderdrossel* oder der Krammetsvogel. Wir nennen sie die Mittlere DROSSEL und auf Lateinisch *Pilaris*. Dies ist die gewöhnliche Drossel, die in der Toskana schlichtweg *Bottaccio* (Drossel) heißt. Diese Art gilt vielen Autoren als heimische Drossel, zumal sie das ganze Jahr über in unseren Landen verweilt. Man findet sie im *Sommer* in den *Bergen* und an kühlen Orten, im Herbst AUF DEN HÜGELN UND IN DEN EBENEN, im Winter aber bei Wacholder- und Myrtenbüschen in der *Maremma*. Sie ist von erlesenem Geschmack, und der *Nestling* singt und flötet VORTREFFLICH. Die Beschreibung ersparen wir uns, zumal keine Gefahr ➻

Singdrossel
Aquarell- und Deckfarbe
über schwarzer Kreide,
Feder und Tinte, RCIN 927683

➽ FORTSETZUNG

besteht, dass man sie nicht erkennt. Es sei nur die Unterscheidung von Männchen und Weibchen erläutert: Die Brust des Männchens ist schwarz GESPRENKELT, und es hat einen größeren *Kopf*. Aufzucht und Haltung entsprechen dem gleichen Vorgehen, wie für die NACHTIGALL beschrieben.

Die dritte Art ist die kleinste. Sie wird auf Lateinisch *Illades* oder ILIACUS genannt. In Italien nennt man sie für gewöhnlich *Tordo Sassello* (ROTDROSSEL), weil sie an den Flanken und unterhalb der Flügel zahlreiche *rötliche* Sprenkel hat. Häufig ist sie zusammen mit anderen Drosseln zu sehen. Ihre Nester bauen die Drosseln auf hohen Bäumen nach Art der *Schwalben* mit Lehm. Gibt es im Mai und im Juni STARKEN REGEN, sieht man im

Rotdrossel
Aquarell- und Deckfarbe über schwarzer Kreide, RCIN 927671

Herbst darauf wenige Drosseln, weil der Regen ihre Nester *zerstört*.

Sie legen vier bis fünf Eier. In der Natur NÄHREN sie sich von *Beeren* und RAUPEN. Möchte man ihnen im Haus eine *Einfriedung* bauen, sollte diese aussehen, wie für den Ortolan beschrieben. Man fängt die Vögel mit *Schlingen* oder *Bogenfallen*, eine größere Zahl mithilfe von FEINMASCHIGEN NETZEN oder durch *Hüttenjagd*. Im Käfig wird der Vogel fünf bis sechs Jahre alt.

Dazu sei angemerkt, dass der VERZEHR dieser Vögel neben dem *erlesenen* Geschmack auch der GESUNDHEIT förderlich ist, weil Drosseln die Eigenschaften ihrer Nahrung aufnehmen. Genau wie der *Star* für das Verzehren von *Schierling* BEKANNT ist, sind es Drosseln für das Vertilgen von MYRTE UND WACHOLDER. Ihre Mägen sind bei manchen Menschen dem Harn zuträglich, bei anderen *beruhigen* sie den Magen.

Misteldrossel
Aquarell- und Deckfarbe über schwarzer Kreide, RCIN 927685

Amsel
Aquarell- und Deckfarbe über schwarzer Kreide, RCIN 927679

Über die AMSEL

DIE AMSEL ODER Schwarzdrossel, auf Lateinisch *Merula* genannt, ist der DROSSEL sehr ähnlich. Beide *gleichen* sich in der Körperform, obschon sie unterschiedlich *gefärbt* sind, und halten sich an denselben Orten auf. Die Männchen sind vollständig schwarz, und zwar MAULBEERFARBEN. Ihr Schnabel ist *gelb* und tendiert zum *Rötlichen*. Die Beine sind ebenfalls gelb, aber weniger LEUCHTEND. Das Weibchen ist RUSSSCHWARZ. Kehle und Brust sind *cremefarben* getupft. Der Schnabel ist nicht so gelb, der geringe gelbe Anteil ist eher an der *Unter-* als an der Oberseite zu sehen. Durch eine LAUNE DER NATUR gibt es jedoch neben diesen Färbungen auch andere Spielarten. Man sieht daher zuweilen Tiere mit weißen sowie mit teils schwarzen, teils weißen *Flecken* – was häufig ist. Dies geschieht entweder aufgrund der *Veranlagung* der Vögel selbst oder aufgrund der BESCHAFFENHEIT des Landes, wo sie geboren werden. So schlüpfen in *Norwegen* gänzlich weiße Tiere, von denen man annimmt, dass dies geschieht, weil sie STÄNDIG SCHNEE sehen. Unter diesen Vögeln gibt es auch oft Tiere, welche mit der Jahreszeit die Farbe wechseln. Vor allem im Herbst findet man Vögel, deren Farben sich vom GELBEN HIN ZUM ROTBRAUNEN, also *Kastanienfarbenen*, wandeln. Zu dieser Zeit stellen sie auch ihren *Gesang* ein.

Wie bereits geschrieben, findet man die Amsel an denselben Orten wie die Drossel, namentlich im GEBÜSCH und im UNTERHOLZ sowie an *bewaldeten Orten* mit Zypressen, *Wacholder* und dergleichen. Im Sommer hält sich die Amsel gerne an kühlen Orten wie den BERGEN auf. Im Winter lebt sie in der *Maremma*, und zwar in Gehölzen oder Hainen, in Gärten und an BEWOHNTEN ➳

➳ FORTSETZUNG

Orten. Sie brütet zweimal im Jahr. Die erste Brut am Ende des Winters glückt *selten*. Die zweite Brut im Sommer zieht sie indes zumeist *glücklich* auf. Die Amsel legt drei bis fünf Eier, die rundum in GRÜN- und ROSTTÖNEN *gesprenkelt* sind. Das Nest baut sie in *Dickichten* und in buschigen *Schösslingen* aus Erde, Haaren und trockenen Grashalmen, die sie mit weicherem Material auskleidet. Der Amselschlag ist dem Gesang der *Drossel* ebenbürtig. Mit Leichtigkeit erlernt die Amsel verschiedene Lieder, die man ihr vorflötet, oder den Klang von TROMPETEN, *Trommeln* und dergleichen mehr. Auch gibt es welche, die einige Wörter lernen. In der Natur lebt die Amsel von verschiedenen *Beeren* und Früchten wie auch von LARVEN, Raupen und *Heuschrecken*.

Wer sie wegen ihres Gesanges halten möchte, sollte sie als Nestlinge aufziehen. Als Futter gibt man ihnen *Herz*, Fleisch, BROT, welches in Wasser EINGEWEICHT wird, und Früchte. Man fängt sie auf dieselbe Art wie *Drosseln*. Es wird berichtet, dass GRANATAPFELKERNE für die Amsel tödlich sein können. Man darf sie nicht in kleinen Volieren halten, da sie sonst die anderen Vögel *verfolgt*, *bedrängt* und peinigt. Der Vogel wird sechs bis acht Jahre alt.

Amsel (leuzistisch)
Aquarell- und Deckfarbe
über schwarzer Kreide,
RCIN 927689

Über den GEBIRGS-SPERLING

ODER *Steinsperling*

DIE HERKUNFT DES Namens dieses *Vogels* leitet sich von dem Ort ab, an dem er sich für gewöhnlich aufhält. Da es sich dabei um die BERGE handelt, nennt man ihn den *Gebirgs-* oder *Steinsperling* … Üblicherweise ist dieser Vogel nicht ausschließlich an BERGHÄNGEN und HÜGELN zu finden, sondern er zieht auch häufig in das flache Land. Dort sucht er Orte auf, an denen er etwas zu fressen findet.

Er hüpft oft auf dem Boden umher, und sein Flug gleicht dem gewöhnlicher *Spatzen*. Der Steinsperling nistet in Bäumen und im Dickicht oder in Felsnischen im Gebirge. Neben *Samen* und VERSCHIEDENEN KÖRNERN frisst er Würmer oder MADEN und jagt auch *Fliegen* und kleine *Schmetterlinge*. Man fängt ihn mit Stellnetzen, zuweilen mit einem feinmaschigen Vogelnetz und Schlingen [so fein wie ein Spinnennetz] oder auch mit einem LOCKVOGEL. Der Vogel wird vier bis fünf Jahre alt.

Steinsperling
Aquarell- und Deckfarbe
über schwarzer Kreide,
RCIN 927650

Über den FELD-SPERLING

HINSICHTLICH SEINER KÖRPERFORM ähnelt dieser Vogel dem SPERLING. Obwohl seine Farbgebung deutlich abweicht, hat er die Bezeichnung *Sperling* erhalten. Um ihn aber von dem gewöhnlichen Sperling zu unterscheiden, gibt man ihm Beinamen wie *töricht*, närrisch oder TOLL, was wohl damit zusammenhängt, dass er niemals still sitzt. Auf Lateinisch heißt er *Passer stultus*.

In GRÖSSE UND FORM gleicht er, wie erwähnt, dem *Sperling*. Er ist vorwiegend gelb bis UMBRAFARBEN und hat überall *rostbraune* Flecken. Der Schnabel geht ins Rötliche und ist KRÄFTIG UND KURZ. Schwanz und Flügel sind eher *schwarz*, jedoch an beiden sind die Spitzen der kleinsten Federn weiß. Die Füße und Beine zeigen Farbtöne von *Gelb* bis Rot.

Wie die Lerche findet man ihn oft an STRASSEN. Erblickt er aber in nicht allzu großer Entfernung einen *Reisenden*, so ergreift er die Flucht, KREIST und fliegt *ein Stück* weiter. Wenn er sitzt, wippt er DIE GANZE ZEIT, hebt und senkt den Schwanz und bewegt sich beim Gehen wie ein *Würger*. Er nistet im dichten und *buschigen* GEÄST, gelegentlich in Höhlen von *Uferböschungen* oder Deichen oder auch am Boden im SCHUTZ von Erdschollen, wie man es von der Lerche kennt. Sein Gelege besteht aus vier bis fünf Eiern.

In seiner Lebensweise unterscheidet er sich kaum vom STIEGLITZ. Beide ernähren sich von *verschiedenen Samen*, auch von jenen der DISTEL, auf welcher man ihn häufig sitzen sieht. Man fängt die Vögel mit dem *Klappnetz*. Im Käfig kann man ihnen *Kolbenhirse*, Rispenhirse, HANFSAMEN oder *Glanzgras* füttern. Der Feldsperling singt wenig und nicht sehr wohlklingend.

Man sieht ihn nie auf HOHEN BÄUMEN. Der Vogel wird fünf bis sechs Jahre alt.

Feldsperling
Aquarell- und Deckfarbe
über schwarzer Kreide,
RCIN 927615

Über den EINSIEDLER-SPERLING

DIE VERFASSER VON *naturkundlichen Werken* zählen diesen Vogel zu den AMSELN. Auf Lateinisch wird er *Passer solitarius* [heute: *Monticola solitarius*, Blaumerle] genannt. Was Gestalt und Merkmale betrifft, ähnelt er in seiner Größe dem STAR. Der Schnabel ist jedoch etwas länger und an der Spitze *ein wenig gekrümmt*. Kopf und Körper sind etwas zierlicher. Der Kopf ist OBEN ABGEFLACHT. Der Vogel ist ganz *schwarz* mit Ausnahme des Halses und der Ansätze der Flügel. Dort erkennt man einen SCHIMMER von dunklem *Türkisblau* und *Purpur*. Auch einzelne Stellen der schwarzen Partien sind damit gesprenkelt. Auf dem übrigen Körper und Rücken finden sich kleine Flecken in GRÜNLICHEM CREMEWEISS. Das Weibchen ist ganz dunkel ohne Purpur. Es zeigt kleine *Partien* in schmutzigem Gelb, wie auch die Weibchen der Amseln. Man findet den Einsiedlersperling für gewöhnlich bei VERFALLENEN HÄUSERN oder auf den Dächern alter Kirchen, wo er sein Nest baut und gar *lieblich* singt. Der Einsiedlersperling ist dabei stets alleine und singt zumeist frühmorgens. Nestlinge lernen meist, *ausgezeichnet zu imitieren*, was immer man von ihnen wünscht – seien es GEWÖHNLICHE Wörter oder kleine Lieder. Auch der natürliche Ruf des Vogels ist äußerst *wohlklingend*.

Wer Einsiedlersperlinge *aufziehen* möchte, sollte darauf achten, dass sie gut befiedert sind. Man füttert sie acht- oder zehn- ➸

Blaumerle
Aquarell- und Deckfarbe
über schwarzer Kreide,
RCIN 927677

➳ FORTSETZUNG

mal am Tag VON HAND mit gehacktem Herz. *Morgens* in den ersten zwei Stunden sollten sie GROSSZÜGIGER gefüttert werden, denn sie könnten über Nacht *hungrig geworden* sein. Man gibt ihnen von besagtem Herz drei oder vier Stücke von der Größe eines FEDERKIELS. Sobald der Vogel alleine fressen kann, bekommt er *dasselbe* Futter wie die NACHTIGALL.

Will man ihn fangen, *erkundet* man die Aufenthaltsorte des Einsiedlersperlings und stellt ebendort einen Vogel im Käfig auf. Um diesen herum legt man Zweige aus, die man mit LEIM einstreicht. Sobald der eine den anderen *erblickt*, kommt er herbei, um nach ihm zu hacken, und wird gefangen. *Stattdessen* kann man zu jenem Ort auch einen STEINKAUZ bringen und vier Leimruten auf die rechte Art auslegen. Ist er gefangen, bindet man dem Einsiedlersperling die *Flügel* – wie bei der Nachtigall beschrieben – und setzt ihn in einen MIT PAPIER VERHÜLLTEN Käfig. In den Napf gibt man Herz und Pasta. Bis er alleine FRISST, füttert man ihn zwei oder dreimal am Tage von Hand. Das *Papier* entfernt man nach und nach, damit der Vogel nicht zu unruhig wird.

Vor allem in *Genua* und MAILAND werden Einsiedlersperlinge hochgeschätzt. Bei guter Pflege werden sie acht bis zehn Jahre alt.

Blaumerle (Weibchen)
Aquarell- und Deckfarbe
über schwarzer Kreide,
RCIN 927662

Über unseren
HEIMISCHEN SPERLING

DER HEIMISCHE SPERLING heißt auf Lateinisch *Passer*. Diese Bezeichnung teilt er mit vielen anderen Vögeln wie dem Feldsperling, dem Kanarienvogel und dem *Einsiedlersperling*, die nicht einheimisch sind. Gestalt und Merkmale sind jedermann bekannt, weil es ihn überall gibt … Den einheimischen Sperling gibt es in zwei Arten: den Haussperling (auf Lateinisch *Passer domesticus*) und den auf dem Lande lebenden (*Passer silvestris* oder *campestris*). Erstere leben nahe bewohnten Orten und Häusern, unter den Dächern von Taubenschlägen und in *Mauerritzen*. Sie nisten beharrlich etliche Jahre am selben Ort. Oft haben sie sieben oder acht Küken und nie weniger als vier. Viele Menschen hängen solch *irdene* Töpfe an die Wände, wie in dem Kapitel über Stare beschrieben ist. Hierbei haben einige *Holländer* (bei denen die Vertreter beider Arten sehr häufig sind) eine merkwürdige Beobachtung gemacht: Wenn sie besagte Gefäße aufhängen, meist aus schlichtem Terrakotta, manche schwarz glasiert, wählen die Stare die schwarzen, denn sie gleichen ihrem *Gefieder*, und die Sperlinge die gewöhnlichen, ohne je fehlzugehen.

Die zweite Art bewohnt das *Land*. Am Tag sieht man sie in den Fluren und an anderen Orten, wo sie FUTTER SUCHEN. Anschließend ziehen sie sich in Sträucher und Gestrüpp zurück oder in den *dichten Wald*. Sie sind von hellerer Farbe als der Haussperling, und ihr Schnabel spielt mehr ins RÖTLICHE. Sie nisten in Bäumen, in Sträuchern sowie in den FELSSPALTEN der Berge. Ihr Nest bauen sie aus *Federn* und Heu. Neben Korn und jeg- ➳

Italiensperling (Weibchen)
Aquarell- und Deckfarbe
über schwarzer Kreide,
RCIN 927628

➳ FORTSETZUNG

lichem Getreide (an welchem sie viel SCHADEN anrichten, wenn sie in Trupps und großer Zahl einfallen) fressen sie auch Fliegen, *Schmetterlinge* und Ähnliches. Sie fressen sogar die Samen von BILSENKRAUT und Nachtschatten, ohne Schaden zu nehmen. Sie sind von äußerster *Klugheit* und *Schläue* und kennen Fangnetz, LEIMRUTE und Bogenfalle besser denn jeder andere Vogel. Zu Artgenossen hegen sie innige Zuneigung: Hat einer genug Futter gefunden, hebt er sogleich zu singen an, um seine *Gefährten* herbeizurufen, genau wie es Flavius PHILOSTRATOS schilderte.

Man fängt sie mit dem Netz, treibt sie aber auch mit dem *Wiesel* aus ihren Höhlen oder JAGT sie mit dem Merlin, dem *Steinfalken* oder Würger.

Für die Tafel sind sie NICHT EMPFEHLENSWERT, außer den Küken sind sie allesamt zäh und *bitter*. Als Speise ungeeignet macht sie auch ihre LÜSTERNHEIT, derentwegen die Alten sie der *Venus* opferten. Nach dem jüdischen Gesetz brachten Menschen, die vom AUSSATZ geheilt waren, Sperlinge als Opfer dar. Eier und *Hirn* dieser Vögel verwendet man in Latwergen für *Satyriasis* [gesteigerter männlicher Geschlechtstrieb] bei Ehemännern, die kalt sind und deren MANNESKRAFT schwach ist.

Italiensperling
Aquarell- und Deckfarbe über schwarzer Kreide, RCIN 927649

Über den UHU *und den* STEINKAUZ SOWIE DIE *Jagd mit denselben*

DER UHU, AUCH Große Eule und auf Lateinisch *Bubo* genannt, ist ein großer Nachtvogel. Von der Gestalt dem STEINKAUZ gleich, ist er so groß wie ein *Huhn*. An beiden Seiten des Kopfes trägt er Federn, die gelb und schwarz gesäumt sind und wie zwei kleine HÖRNER wirken. Vogelfänger machen mit ihm Jagd auf große Tiere wie DOHLEN, Krähen und *Milane*. Mit dem Steinkauz jagt man kleine Vögel jeder Art.

Der UHU lebt in Fels- und Baumhöhlen, in verfallenen Ruinen, in *Mauerspalten* sowie in Dächern VERLASSENER Häuser. Er nistet an Felswänden und an einsamen, verborgenen Orten. Über sein Nisten und BRÜTEN ist *gar Wundersames* bekannt: Entgegen der üblichen Sitte schlüpfen seine Jungen nicht mit dem Kopf, sondern mit dem Schwanz voran. Seine *Krallen* und sein mächtiger, starker SCHNABEL sind vortreffliche Waffen. Diese gebraucht er meisterhaft, wenn er in der Natur nachts jagt, Vögel *schlägt* und den Attacken anderer Tiere TROTZT. Er frisst mancherlei Dinge, vor allem jedoch *Fleisch*.

Für die VOGELJAGD setzt man ihn in folgender Weise ein: An einem Ort, an dem die zu jagenden *Vögel* vorüberziehen, wählt man einen Baum, der nicht zu nah an anderen steht. Trägt er zu viele ZWEIGE und ÄSTE, schneidet man so viele heraus, wie es nottut, und überzieht die restlichen dick mit *Vogelleim* – oder man befestigt daran stattdessen *Leimruten*, je nachdem, wie es dem VOGELFÄNGER beliebt. Nicht allzu weit davon entfernt wird der *Uhu* im Baum platziert. Erblicken ihn die Vögel dort, stürzen sie sich gemeinsam auf ihn. Nachdem dies ein ums andere Mal geschehen ist und der Uhu einige ➳

➳ FORTSETZUNG

FEDERN gelassen hat, setzen sie sich in den Baum und hängen fest. Auf diese Weise fängt man Dohlen und *Krähen* und sogar MILANE. Auf Letztere macht man auch mit einem Uhu und einem *Falken* Jagd, dem Heiligen bzw. SAKERFALKEN. Der *Falkner* trägt den *Uhu* und lässt ihn frei, wenn er die Milane erspäht. An den Füßen des Uhus ist ein FUCHSSCHWANZ befestigt. Der Uhu fliegt *dicht über dem Boden* und entfernt sich nicht sehr weit. Daraufhin stürzt PFEILGLEICH der Milan auf ihn herab. Auf diesen wird der Falke angesetzt. Sogleich wendet sich der Milan vom *wunderlichen Streich* des Uhus ab und fliegt auf. Zum großen Vergnügen und der *Ergötzung* all derer, die dies verfolgen, pariert nun der Milan die *Angriffe* seines Feindes mit DREHUNGEN und WENDUNGEN, so gut er es vermag.

Der STEINKAUZ ist jedermann bekannt. Deshalb soll hier nichts zu seinen *Merkmalen* berichtet werden, wohl aber über sein Wesen und wie man mit ihm JAGT. Er weilt zumeist an Orten, wo die *Luft dick ist*, und in Ebenen. Die wenigen Vögel, die im GEBIRGE leben, unterscheiden sich von den gewöhnlichen durch *befiederte* Beine und Füße. Man sieht den Steinkauz meist zu Anbruch und zu Ende des Tages. Zu diesen Zeiten sucht und jagt er seine BEUTE, insbesondere Mäuse, *Ratten*, Eidechsen und FRÖSCHE. Er brütet in den beiden letzten Monaten des Winters. Möchte man den Steinkauz aufziehen, füttert man ihn mit *Fleisch*. Dies füttert man auch später. Für dem Steinkauz sind bestimmte VERHALTENSWEISEN und GEBÄRDEN typisch, er richtet sich auf und duckt sich, *hält mit seinem Blick inne* und wendet den Kopf zuweilen mal hierhin, mal DORTHIN. Von daher rührt die Bezeichnung, mit der man in Italien *Frauen*, die zu gefallen suchen, spöttisch *Civetta* (Käuzchen) nennt. Insbesondere ZAUNKÖNIG, Krähe und *Häher* reagieren auf den Steinkauz mit Feindschaft. Man gebraucht ihn bei unterschiedlichen Arten der Jagd – sei es mit dem Netz oder mit der Leimrute. Bei der Jagd mit dem KLAPPNETZ nutzt man ihn, wie in dem *Kapitel über den* TANZVOGEL oder die Stelze beschrieben, als Lockvogel. Jagt man mit Vogelleim, mit dem man viele kleine Vogelarten fängt, setzt man den Steinkauz in derselben Weise ein wie oben beschrieben den *Uhu*. Dies geschieht gegen *Herbstende* und im Winter. Man nutzt ihn auch bei der HÜTTENJAGD und bei weiteren Jagdmethoden. Der Vogel wird acht bis neun Jahre alt.

Uhu
Italienischer Künstler aus dem späten 16. Jahrhundert. Aquarellfarbe mit Details in Deckfarbe über schwarzer Kreide, RCIN 928743

Über den EIS-VOGEL

Eisvogel
Aquarell- und Deckfarbe über schwarzer Kreide,
RCIN 927655

DIESER VOGEL HAT verschiedene Namen, die zumeist darauf verweisen, wie er *Fische* jagt: etwa FISCHER oder König der Fischer. In Rom und in der Toskana heißt er *Vogel der Hl. Maria* oder Madonnenvogel, weil er viel von jenem Blau hat, welches die Maler in MARIENBILDNISSEN verwenden. In der Lombardei nennen ihn viele *Merlo acquarolo* oder Taucher, andere hingegen Piombino, was *Bleilot* bedeutet. Auf Lateinisch heißt er ISPIDA, und man hält ihn für den sagenhaften Vogel *Halcyon*.

Sein Schnabel erreicht die halbe Länge seines Körpers oder ist wenig kürzer. Er ist tiefschwarz und *sehr spitz*. Den Kopf bedecken kurze Federn von HELLTÜRKISBLAUER Farbe, die an ihren Enden eine schmale *weiße* Säumung zeigen. Die Flügel sind ebenso wie der Kopf, wenngleich in noch STRAHLENDEREM BLAU befiedert … Der übrige Rücken und der Schwanz sind blau mit etwas Grün, nahe am Farbton von *Meereswasser* oder AQUAMARIN. Das Auge sitzt inmitten eines rostfarbenen Flecks zwischen *Schnabel* und *Flügel*. Unter diesem Fleck zieht sich ein weiterer TÜRKISFARBENER Streifen vom Ende des Schnabels unter dem Auge entlang bis zur Brust, welche gleichfalls rostfarben ist … Die Beine sind recht *kurz* und *schlank* sowie von roter Farbe.

Man findet die Vögel in ganz ITALIEN an Flüssen oder bei Quellen. Sie *sitzen* dort am Ufer auf einem vorspringenden Felsen oder Baum. ERSPÄHEN SIE IHRE BEUTE, können sie so schnell nach dieser tauchen und sie fangen. Sie leben von kleinen *Fischen*, LARVEN und anderem *niederem Getier*, das es in diesen Gewässern zahlreich gibt. Im Winter, vor allem *bei Eis* und GROSSER KÄLTE, sieht man sie auch an Quellen bei bewohnten Orten … Der Eisvogel nistet in Uferböschungen, wo er Vertiefungen im *Felsen* oder vorgefundene *Höhlen* nutzt. Als Nistmaterial dienen Ähren vom wilden Schilfrohr. Im Nest befinden sich mindestens vier oder fünf Küken. Sein EIGENTÜMLICHER Flug gleicht einem über die Wasseroberfläche springenden Stein. Im Flug *kreischen* die Eisvögel so laut, dass man sie weithin hört. Wegen ihrer großen Schönheit werden sie oftmals TOT UND GETROCKNET in den *Stuben* aufgehängt. Oft werden sie auch im *Speicher* aufgehängt, da man glaubt, dass dann alles darin vor *Würmern* und MOTTEN geschützt ist. Manche behaupten, der Eisvogel wechselt jedes Jahr sein Gefieder, was jedoch *nicht stimmt*. Der Vogel wird vier bis fünf Jahre alt.

DIE ÄHNLICHKEITEN VERSCHIEDENER kleiner Vögel mit *irisierend* schimmerndem grüngelbem Gefieder, das in helle und dunkle Partien gegliedert ist, erschwert deren UNTERSCHEIDUNG. Der Girlitz, von manchen auf Lateinisch *Citrinella* oder THRAUPIS genannt, wird oft mit dem Zeisig oder *Erlenzeisig* (auf Lateinisch *Ligurinus, Spinus* und ACHANTIS) *verwechselt*. Die Unterschiede werden in diesem Kapitel und in jenem über den *Zeisig* umfassend beschrieben. Sie sind deutlich erkennbar.

Der GIRLITZ ist ein kleiner Vogel von lebhaft-heiterem Wesen. Er hat einen kurzen stumpfen Schnabel. Kehle, *Brust* und Oberbauch sind gelb und spielen ins GRÜNE. An den Flügeln ist er dunkelgrün gestrichelt, gemischt mit der Farbe *umbrischer Erde*. Der Kopf zeigt DIESELBEN Flecken wie die Brust. Wangen und Rücken sind mit hellen und dunklen *Flecken* jener beiden Farben *gesprenkelt*. Die Flügelspitzen sind dunkler als der Rest und BEINAHE SCHWARZ. Der Bürzel zeigt dieselbe Farbe wie die Brust, sogar etwas heller. Der Schwanz gleicht den FLÜGELSPITZEN und ist etwas geteilt, fast wie bei der *Schwalbe*.

Im Konzert mit anderen Vögeln ERFREUT sein Gesang. Da sein Lied jedoch nur eine *recht kurze* Strophe kennt, die der Girlitz FORTWÄHREND wiederholt, überzeugt er als Solist nicht völlig. In Anspielung auf seinen *Gesang* heißt er bei den Franzosen und im PIEMONT *Tarin* [Großschnabel]. Der Girlitz nistet bei uns wie ein heimischer Vogel und nutzt dichte Baumkronen in unseren *Gärten*, vor allem ZYPRESSEN. Das Nest baut er aus Wolle, Haaren und Federn und legt jeweils *vier oder fünf* Eier. Zur Aufzucht entnimmt man die Küken, wenn sie FEDERN haben. Man sollte sie in ihrem eigenen Nest halten. Fehlt dieses, muss man einen *Ersatz* aus WOLLE oder HEU fertigen. Füttern sollte man den Girlitz wie den Stieglitz. Ausgewachsene Vögel bekommen *Hanfsamen* oder Kolbenhirse.

Die LANDBEVÖLKERUNG fängt sie mit dem Klappnetz oder mit *Leimruten* wie den Stieglitz. Man fängt sie in großer Zahl, weil sie sehr EINFÄLTIG sind: Fliegt einer zu Boden, folgt der *gesamte Schwarm*. Auch wenn sie dem Netz ENTKOMMEN, kehren sie wieder zu den anderen zurück. Die Zeit, sie zu fangen, ist im *Herbst*. Sie werden vier bis fünf Jahre alt.

Über den
GIRLITZ

Girlitz
Aquarell- und Deckfarbe über schwarzer Kreide, RCIN 927601

Über die KALANDER-LERCHE

SOFERN EIN VOGEL hohe *Wertschätzung und Achtung* verdient, so dieser, denn er alleine vereinigt in sich alle QUALITÄTEN, die man sonst bei vielen Arten nur einzeln findet.

Die *Kalanderlerche* trägt auf Lateinisch fast denselben Namen: *Chalandra*. Weil es sich um eine größere Lerchenart handelt, nennen manche sie die GROSSE LERCHE. Man glaubt, ihr volkstümlicher Name soll auf CALARE anspielen, was »*leiser werden*« oder »*nachlassen*« bedeutet. Denn so verhält es sich mit ihrem Gesang: Er beginnt stets hoch und KRÄFTIG, sinkt dann ab und wird schwächer. Ihr Körperbau ÄHNELT dem der *heimischen Lerche*, sie ist aber größer. In ihren Proportionen entspricht sie etwa der DROSSEL. Ihre Vorderseite zeigt ein helles Grün mit einigen *schwarzen* oder dunkelgrauen *Flecken* auf der Brust wie bei der Drossel. Hinter den Flügeln und am Schwanz hat sie die Farbe UMBRISCHER ERDE. Zwei Finger breit unter dem Schnabel trägt sie wie ein *Halsband* einen Ring schwarzer Federn. Ihr Kopf ist BREITER als bei der Drossel, der Schnabel ist *kürzer* und *kräftiger*. Die Beine sind wie bei anderen Lerchen. Das Männchen ist STÄMMIGER als das Weibchen und trägt mehr *Schwarz* am Hals.

Die wild lebenden Exemplare singen wie andere *Lerchen*, dabei aber abwechslungsreicher. In ihrem ERSTEN JAHR im Käfig tut die Kalanderlerche nicht viel. Weil sie ein *starker Vogel* ist, der sich an das FREIE LEBEN erinnert, ist sie womöglich etwas ungestüm. Aus diesem Grund muss man ihr entweder die Flügel binden ➳

Kalanderlerche
Aquarell- und Deckfarbe
über schwarzer Kreide,
RCIN 927664

➳ FORTSETZUNG

oder den oberen Teil des *Käfigs* mit einem STRAFF gespannten Tuch verhängen, damit sie sich nicht *tötet* oder verwundet, wenn sie sich dagegenwirft und mit dem Kopf dagegenschlägt. (Dies ist ein GUTER RAT auch für manch anderen Vogel.) Für die Haltung als Singvogel benötigt man entweder einen *Nestling* (möglichst aus einer AUGUSTBRUT) oder ein so junges Tier, dass es sich im Käfig erstmalig *mausert*. Zusätzlich zu ihrem natürlichen Gesang lernt die Kalanderlerche auch andere GANZ VORTREFFLICH, insbesondere den von Stieglitz, HÄNFLING, Schwalbe und *Kanarienvogel*. Sie lernt es auch, Hühner, *Baumfalken*, Katzen und andere [*Tiere*] zu imitieren. Bei der Aufzucht sollte man ihr gehacktes HERZ UND PASTA sowie Dinkel, Hafer, *Mischkost* und frische Brotkrumen füttern. Im Käfig benötigt sie stets ein Stück KALKSTEIN. Soll sie einen bestimmten neuen Gesang erlernen, muss man sie an einem Ort halten, an dem sie keine anderen Vogelgesänge oder -RUFE hört, die sie *aufschnappen* könnte.

Die Kalanderlerche nistet auf hartem Boden und inmitten FRISCH EINGESÄTER FELDER. Ihr Nest baut sie wie andere Lerchen, gut mit *Gras* ausgepolstert und im Schutze einiger ERDSCHOLLEN. Sie legt vier oder fünf Eier. Man fängt sie wie andere Lerchen mit einem Stellnetz. Die VOGELFÄNGER verbergen sich dabei in einem *Ansitz* oder in einem Versteck aus *belaubten Zweigen*. Die Netze legt man meist in der Nähe einer Stelle aus, zu der die Vögel zum TRINKEN kommen. Genauso gut kann man sie nachts mit einem Kescher und einem Licht fangen.

Kurzzehenlerche
Aquarell- und Deckfarbe
über schwarzer Kreide,
RCIN 927620

DIE BESCHREIBUNG DER *einheimischen Lerche* trifft in vielerlei Hinsicht auch auf diesen Vogel zu. Dies erneut *auszuführen,* brächte mehr MÜHE als Nutzen, insbesondere da *Gestalt und Merkmale* identisch sind. Die einzige Unterscheidung ist die kleine Haube, welche zwischen den BEIDEN INNEREN AUGENWINKELN entspringt und über den Kopf emporragt. Diese ist schwarz, aber nicht sehr *dunkel*. Vier bis sechs Federn stehen als kleiner Helmbusch ein wenig von den anderen *Federn* ab, weshalb der Vogel HAUBENLERCHE genannt wird, auf Lateinisch *Galerita*. Ihr Körper ist etwas weißer als bei den anderen Arten. Der Gesang der Haubenlerche gilt als dem der übrigen *unterlegen*. Die Brust der Männchen ist schwarz GETUPFT. *Kopf* und *Schnabel* sind größer als beim Weibchen. Die Haubenlerche fliegt, anders als die übrigen Lerchen, fast immer alleine und auch nicht STETIG oder GLEICHBLEIBEND. Vielmehr fliegt sie mal höher, mal tiefer – je nachdem, wie der *Wind* sie trägt. Zumeist sieht man sie erhöht in Feldern sitzen, an den Rändern von GRÄBEN und an großen *Straßen*. Vor allem im WINTER ernährt sie sich von dem dort zu findenden Mist. Nestbau und Brut erfolgen wie bei der obigen Art, wenngleich sie näher an STRASSEN nistet als jene. Wer sie aufziehen möchte, sollte *beachten*, was über das Entnehmen aus dem Nest gesagt wurde: Die Küken sollten bereits befiedert sein und man muss sie geduldig VON HAND mit *klein geschnittenem Herz* FÜTTERN, dabei öffnet man den Schnabel mit Bedacht. Gibt man etwas Futter hinein, sollte man darauf achten, dass man ihnen nichts aufzwingt, weil sie darunter leiden würden. Die *Häppchen* sollten nicht zu groß und länglich sein. Von verlässlichen AUTOREN wird geschrieben, dass die Vögel die Schmerzen einer *Kolik* lindern. Hierfür bereitet man aus ihnen ein *Pulver* und *trinkt* es in einer geeigneten Flüssigkeit. Oder man isst sie, nachdem man sie vier Tage lang GEKOCHT hat. MARCELLO VIRGILIO ADRIANI [Verfasser der lateinischen Übersetzung des arzneikundlichen Werks »De Materia Medica« von Dioskurides] schreibt hierzu Folgendes:

Man gebe die Lerche mitsamt den FEDERN in ein tönernes Gefäß, das man mit Gips umhülle und gebe es zum *Brennen* in den Ofen, sodass man hieraus ein Pulver gewinne. Das PULVER, fein gemahlen, sammle man. Davon nehme man an drei oder vier Tagen zwei oder drei Löffel in *heißem Wasser* ein. Dies ist ein ERSTAUNLICHES, gewisslich ➸

Über die HAUBEN-LERCHE

Haubenlerche
Aquarell- und Deckfarbe
über schwarzer Kreide,
RCIN 927641

➳ FORTSETZUNG

nutzbringendes Heilmittel gegen Koliken, denn es scheint aus gutem Grund besser zu sein denn jede andere *Medizin*.

Die HERSTELLUNG DES PULVERS beschreibt *Plinius*: »Sodann muss die ASCHE von VÖGELN oder anderen Tieren bereitet werden wie *beschrieben*. Der Vogel oder jedwedes andere Getier, das man zu verbrennen wünscht, wird in ein NEUES GEFÄSS gegeben. Dieses wird mit einem Deckel verschlossen, ringsum mit Lehm bestrichen und zur VERBRENNUNG in einen *heißen Ofen* mit sehr kleinem Abzug gelegt.«

Laut anderen Autoren sollte dies durch KOCHEN und Einkochen nach Art einer *Kraftbrühe* geschehen. Dies habe den Vorteil, dass sich die Substanzen schonend *lösen* und das Mittel für diese KRANKHEIT als geeignet gilt. Wieder andere Autoren schreiben hierzu, man müsse der *geschlachteten*, noch warmen Lerche das Herz entnehmen, es, mit einem SEIDENFADEN vernäht, trocknen und dann an der linken *Seite* auf dem nackten Leib festgebunden tragen.

Giambattista della Porta, ein Gelehrter der – von zeitgenössischen *deutschen Doktoren* gerühmten – SIGNATURENLEHRE, erklärt das Geheimnis folgendermaßen: »Geschwätzige Tiere WIRKEN bei *Koliken* erleichternd, anders als geschwätzige Menschen: Zu viel Gerede setzt in der Tat den Atem frei, von dem die KRANKHEIT oft herrührt. Die Eigenschaft der Vögel geht auf uns über, wodurch sie die Krankheit gewissermaßen entfernen.« Wäre dies wahr, verdiente es wohl die Achtung von uns allen, wenn man sich, um einem derart schweren Übel zu entgehen, allein an ein so einfaches Rezept halten müsste.

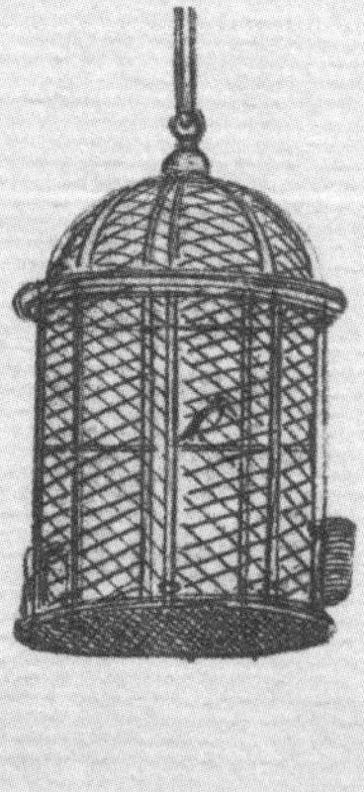

Über unsere heimische
LERCHE

DER NAME »LERCHE« (auf *Lateinisch* allgemein *Alauda*) umfasst verschiedene Arten, die man durch Namenszusätze unterscheidet, wie etwa BEHAUBTE, *kleine* oder große Lerche. Heißt es also schlicht »Lerche«, ist damit die gemeine oder – gebräuchlicher – unbehaubte Lerche gemeint, die von VOGELFÄNGERN zu Dutzenden als *Speisevogel* verkauft wird und über die wir im vorliegenden Kapitel berichten. Eine besonders GENAUE Beschreibung ist nicht erforderlich, da sie wohlbekannt ist. Trotzdem sei erwähnt, dass sie *nicht viel größer* als ein Sperling ist und ein gutes Stück LÄNGER. Die Lerche ist erdfarben, an der *Brust* ein wenig heller mit Tendenz zu *Aschgrau*. Sie hat weiße Beine, und die letzte KRALLE ist ein gutes Stück länger als die übrigen. Sie nistet zu ebener Erde auf *festem Untergrund* im Schutz einiger Erdschollen, und dies eher niedriger als höher. Die Lerche baut ihr Nest aus PFLANZENFASERN und *verdorrtem Gras*. Sie legt vier oder fünf Eier und brütet dreimal im Jahr: im Mai, Juli und *August*. Ihre Küken zieht sie sehr SCHNELL auf. Das Brüten ist meist nach VIERZEHN TAGEN zu Ende, die Aufzucht bedeutend schneller. Wer die Küken entnehmen möchte, sollte das tun, sobald sich das *Gefieder* ausbildet. Lässt man sie länger im Nest, besteht Gefahr, dass sie ENTKOMMEN. Bei der Aufzucht soll man sie wie die Nachtigall mit *zerkleinertem Herz* füttern. Sobald sie ausgewachsen sind, kann man ihnen zur Kostenersparnis GESCHÄLTEN WEIZEN, Dinkel, Hafer, Mischkost und Hirse geben. Das Männchen ist gedrungener als das Weibchen, seine Brust ist *grauschwarz* und damit dunkler. Es hat die oben erwähnte lange KRALLE, die bis hinter das Knie hinausreicht. Außerdem trägt es im Nacken beidseitig je einen SCHWARZEN FLECK. ➻

➳ FORTSETZUNG

Der Gesang der Lerche ENTZÜCKT, weil er so abwechslungsreich ist: Er enthält allerlei *Triller*, ein als Roulade bezeichnetes *Trällern* sowie verschiedene *Diminuendi*. Für gewöhnlich singt der Vogel morgens im klaren HIMMEL, selten hingegen am Boden. Im Flug dreht sich die Lerche, während sie aufsteigt und *singt*. BISWEILEN erfreut sie sich daran, mit elegantem Flügelschlag in der Luft zu *stehen*, von wo aus sie Stück für Stück nach unten gleitet, zuletzt mit solcher HEFTIGKEIT, dass sie mehr taucht denn *sinkt*.

Die Landbevölkerung fängt im *Herbst* bis ALLERHEILIGEN Lerchen in großer Zahl mit dem Klappnetz. Die Netze werden nahe einem frisch gesäten Feld, einer Wiese oder Weide bzw. einer kleinen *Kuppe* aufgestellt, die die Vögel passieren. Zwei Lerchen dienen als LOCKVÖGEL, indem man mal den einen, mal den anderen Vogel in die Luft hebt. Zwischen *beide Netze* legt man einige getrocknete Lerchen, die als LOCKMITTEL dienen. Zusätzlich benötigt man auch eine Lockpfeife, mit der man das *Piepsen* der Lerche NACHAHMT. Das sollte möglichst natürlich geschehen und mehrfach wiederholt werden, sobald man sieht, dass sie herunterkommen. Wo immer man sie findet, fängt man sie auch nachts mithilfe eines *Keschers*, einer KUHGLOCKE und einer Blendlampe. Der Vogel wird acht bis zehn Jahre alt.

Feldlerche
Aquarell- und Deckfarbe über schwarzer Kreide, RCIN 927624

Über die HEIDELERCHE *und die* WIESENLERCHE

NEBEN DER WEITER *oben* beschriebenen Lerche gibt es noch DREI weitere Arten: Die erstgenannte ist nur im *Umland* ROMS bekannt und wird zu den nicht *behaubten* Lerchen gezählt, auf Lateinisch *Alauda non cristata*. Dann gibt es die Wiesenlerche, welche die Vogelfänger in ROM *Calandrino* oder Kleine Kalanderlerche nennen – auch von ihr wird dieses Kapitel berichten. Als dritte Art ist die KALANDERLERCHE oder *Große Lerche* zu nennen, die in einem eigenen Kapitel behandelt wird.

Die HEIDELERCHE ist nicht größer als in der beigefügten *gewissenhaft* ausgeführten Abbildung gezeigt. Die FARBEN entsprechen denen der behaubten Lerchen. Dieser Vogel ist jedoch etwas kleiner und trägt auf dem Kopf eine *Reihe* DUNKLER *Federn*, deren Form an ein Krönchen erinnert. Die Brust ist *weißlich* oder schmutzig weiß, mit *dunkelgrauen* oder *schwarzen* TROPFEN gesprenkelt, desgleichen der Kopf nahe den Augen und neben dem Schnabel. Der KINNSTREIFEN unterhalb der Kehle ist schmutzig weiß, jedoch zur Brust hin dunkler. *Nacken*, Bürzel, *Flügel* und Schwanz sind ROTBRAUN oder fahl *kastanienbraun*.

Der Gesang der Heidelerche ist recht WOHLKLINGEND. Sie singt nicht nur tagsüber, sondern, gleich der *Nachtigall*, auch nächtens. Dafür muss man sie, wie oben beschrieben, als Nestling aufziehen. AUSGEWACHSENE Vögel sollten Kolben- und *Rispenhirse* bekommen. Beim Weibchen ist das KRÖNCHEN weniger dunkel als beim Männchen. Die *hinterste Kralle (Sporn)* des Männchens ist so lang, dass sie bis hinter das Knie reicht. Die Heidelerche nistet in weiten Tälern, wo die Bäume dicht und buschig sind. Ihr Nest baut sie

Heidelerche
Aquarell- und Deckfarbe über Spuren schwarzer Kreide, RCIN 927625

nach derselben ART wie unsere gemeine oder *gewöhnliche Lerche*.

Insofern es gelingt, sie zu beruhigen, ist die Heidelerche ein vortrefflicher SÄNGER. Man fängt sie wie andere *Lerchen*. Sie wird acht bis zehn Jahre alt.

Die *Wiesenlerche* oder KLEINE KALANDERLERCHE ist graziler und kleiner als alle anderen Lerchen. Von diesen unterscheidet sie sich darin, dass sie GESPRENKELT mit *gelblichen Flecken* ist und sonst schwarz oder *lohfarben*. Die Schwanzfedern haben weiße Spitzen, die am Bürzel sind dunkel. Ihr Schnabel ist recht lang und filigran. Man sieht sie für gewöhnlich am Boden, wenn sie nicht vor einem FALKEN in die *Zweige* eines Baumes flieht. Unter den SINGENDEN Lerchen wird die Wiesenlerche gerühmt. Deshalb ist ihr PREIS auch HOCH. Überdies ist der *Vogel* sehr *selten* und seine Aufzucht beschwerlich. Man sollte sie so halten wie für die Nachtigall beschrieben. Sie wird drei bis vier Jahre alt.

DER NUTZEN, DEN man aus *Vögeln* durch ihr Gefieder zieht, ist GROSS. Neben der Erfindung der *Indianer*, die Kappen und Kleidung aus Federn fertigen, benutzt man sie für HANDSCHUH-STULPEN, für das Äußere von *Muffs*, für *Wamse* sowie bei vielen weiteren Gelegenheiten auf verschiedenste ARTEN. Schon deshalb ist es notwendig, ein Verfahren zum *Zurichten* von Vogelbälgen anzugeben, ohne dass diese Schaden nehmen.

Dabei ist zu BEACHTEN, dass man nur Federn GESCHLACHTETER Tiere verwendet und keine von Tieren, die *eines natürlichen Todes* gestorben sind. Die Federn sind auch nicht zu jeder Zeit brauchbar, denn wie bereits geschrieben MAUSERN sich *die meisten Vögel* zu einer bestimmten Zeit des Jahres … Ferner ist zu *beachten*, dass diese Arbeit bei ABNEHMENDEM MOND geschieht. Man geht dabei wie folgt vor: Am Hals *sträubt* man die Federn, indem man sie ANBLÄST, und legt so viel frei, dass man mit einem *kleinen*, scharfen *Messer* eine Öffnung schneiden kann. Diese führt man mit einem Schnitt über die GELENKE der FLÜGEL fort, entlang der Flanke weiter bis zur *Schwanzspitze*. Mit Bedacht zieht man dann mit den FINGERN den Balg ab. Man *entfernt* das Fleisch, indem man *Nerven*, *Hüft-*, Schultergelenke und alles sonst Hinderliche durchtrennt, sodass der Balg ABGELÖST ist. Der Kopf, wenn er klein ist, kann am Balg verbleiben. In den Schnabel gibt man mit *Myrrhepulver* versetzten GERBERKALK, um vorhandene Reste von Fleisch auszutrocknen. Andernfalls HÄUTET man den Kopf, indem man die Haut umstülpt und abzieht.

Auf diese Weise *richtet* man Bälge *zu*, um daraus VOGELPRÄPARATE für jedweden Zweck bzw. zum *Studium* zu fertigen: Man stopft den Körper mit einer Füllung aus BAUMWOLLE und ein wenig *Wermut* aus und näht den Schnitt wieder zu. Beine und *Flügel* befestigt man mit KUPFERDRAHT am Körper – damit alles PRÄCHTIG anzusehen ist. Will man die Federn anderweitig nutzen, etwa, wenn man aus den grün *schimmernden* Federn von Köpfen und Hälsen von Enten Zierrat für HANDSCHUHE oder MUFFS fertigen will, geht man wie folgt vor:

Man legt den *abgezogenen* BALG mit der befiederten *Seite* ➻

Zurichten der VOGELBÄLGE *für* DIVERSE ZWECKE

Grünspecht
Aquarell- und Deckfarbe über schwarzer Kreide, RCIN 927690

Bienenfresser
Aquarell- und Deckfarbe
über schwarzer Kreide,
RCIN 927674

➳ FORTSETZUNG

nach unten – damit die Federn nicht ZERZAUST werden – auf ein kleines hölzernes Tablett oder in einen Kasten. Sodann durchzieht man den Balg auf jeder Seite mit FEINEM DRAHT, damit er *straff gespannt* ist. Man entfernt, so noch vorhanden, jegliche Reste von FLEISCH oder FETT und flickt *Risse* mit einem Seidenfaden. Dann wird der BALG mit einem Leim aus einer *Handvoll Mehl*, einer Prise GEWÖHNLICHEM SALZ und viel gutem *Weißwein* getränkt. Der Leim sollte zuvor auf die Festigkeit wie bei einem *Kalkanstrich* eingekocht werden. Den EINGESTRICHENEN Balg legt man zum Trocknen in den Schatten der nach *Norden* weisenden Seite des Hauses. Danach befreit man die Haut von dem Leim, der in SCHÜPPCHEN oder FLOCKEN abgeht, wenn man sie mit einem kleinen Messer abschabt. Wirkt die Haut, als sei noch *etwas Feuchte* vorhanden, bedeckt man sie aufs Neue mit einem BREIUMSCHLAG und trocknet sie auf diese Weise gänzlich aus. Die *getrockneten* Bälge bettet man in einer Kiste auf eine *Schicht* aus WERMUT oder Rosenholzspänen. Möchte man ihnen Wohlgeruch verleihen, lässt man die Bälge auf dem *Tablett*, säubert sie vom LEIM und reibt sie mit einem *Schwamm* ein- oder zweimal mit einer beliebigen *Duftmischung* ein. Für die genannte Prozedur eignen sich vor allem Enten, FASANE und *Pfaue*, wegen der schimmernden Farbe ihrer Hälse. Bei *Schwan*, Bussard und STORCH gebraucht man – zumal deren Säfte warm sind – zum Aushärten und Gerben nicht Wein, sondern *Essig*, in dem man ein wenig GEWÖHNLICHES SALZ und Alaun gelöst hat. Nach Bedarf streicht man die Bälge damit *mehr als einmal* ein.

Weitere Vögel, die man zu diesem Zweck wegen ihrer *Anmut* verwendet, sind TORDALK, Grünspecht und Bienenfresser – den manche Autoren *Gravlo*, manche *Ghiovaro* und einige, wegen der Art, wie er Bienen frisst, *Bienenwolf* nennen –, ferner der Eisvogel, auch *Königsfischer* genannt, und ähnliche mehr. Aus ihren Federn, sofern man daraus nicht wie die *Indianer* ansehnliche BILDER macht, lassen sich auch andere Dinge fertigen, die eine außerordentliche Wirkung haben.

Register

Die gefetteten Seitenangaben verweisen auf Seiten mit Vogelzeichnungen aus der Royal Collection, bei denen jeweils zusätzlich zu den angeführten Trivialnamen auch die wissenschaftlichen Namen der dargestellten Spezies angegeben sind. Näheres zu den Quellenangaben dieser Vogelbestimmungen siehe »Hinweise für den Leser« auf S. IV.

Accademia dei Lincei VI, VII
Adriani, Marcello Virgilio 118
Aldrovandi, Ulisse 47, 88
Ammer *siehe* Zaunammer
Amsel, *Turdus merula* 12, 79, **92**, 93, **94**, 95, 100

Bachstelze, *Motacilla alba* 22, **23**, 24–25
Bacon, Roger 76
Baumfalke 25, 81
Bergfink, *Fringilla montifringilla* **54**, 55
Bienenfresser, *Merops apiaster* **128**, 129
Blaumerle, *Monticola solitarius* 100, **101**, **102**, 103
Bluthänfling, *Linaria cannabina* 28, **29**, 30, **30**, 31, 63, 116
Buchfink, *Fringilla coelebs* 47, 66, **67**, 68
Bussard 78, 129

Cassiano dal Pozzo IV, VII, VIII, IX
Cesi, Federico VII

della Porta, Giambattista 76, 120
Dohle 107, 108
Dorngrasmücke, *Currica communis* **38**
Drossel *siehe* Singdrossel

Einsiedlersperling 84, 100, 103
Eisvogel, *Alcedo atthis* **110**, 111, 129
Erlenzeisig *siehe* Zeisig

Feldlerche, *Alauda arvensis* 25, 45, 121, **122**, 123
Feldsperling, *Passer montanus* 98, **99**
Frankolin *siehe* Halsbandfrankolin

Gartengrasmücke, *Sylvia borin* **39**
Gartenrotschwanz, *Phoenicurus phoenicurus* 72, 83–84, **85**, 87, **87**
Gebirgssperling *siehe* Steinsperling
Gebirgsstelze, *Motacilla cinerea* **25**, 26–27, **27**
Gelbling 47
Gimpel, *Pyrrhula pyrrhula* 58, **59**, **60**, 61
Giorgi Veneto, Francesco 76
Girlitz, *Serinus serinus* 19, 41, 112, **113**
Goldammer 47
Goldregenpfeifer, *Pluvialis apricaria* 18, **18**
Grasmücke, unbekannte **35**
Grauammer, *Emberiza calandra* **44**, 45, **46**, 49
Grünfink, *Chloris chloris* **64**, 65
Grünspecht, *Picus viridis* **127**, 129

Häher 108
Halsbandfrankolin, *Francolinus francolinus* 10–11, **11**
Hanf-Feigendrossel 34, 37, 83, 84
Hänfling *siehe* Bluthänfling
Haubenlerche, *Galerida cristata* 118, **119**, 120
Haussperling 104
Heckenbraunelle 34
Heidelerche, *Lullula arborea* 124–125, **125**

Indische Taube 14
Italiensperling, *Passer Italiae* 104, **105**, 106, **106**

Jagdtechniken
  Bogenfallen 87, 91, 106
  Lockvögel 18, 26, 96, 123
  Leimruten 2, 48, 68, 103, 106, 107, 108, 112
  Netze 2, 20, 26, 30, 31, 46, 47, 48, 55, 65, 66, 68, 87, 91, 96, 98, 106, 108, 112, 116, 123
  Schlinge/Fangkäfig 2, 91

Kalanderlerche, *Melanocorypha calandra* 114, **115**, 116, 124
Kanarengirlitz, *Serinus canaria* **40**, 41–42, 63, 116
Kanarienvogel *siehe* Kanarengirlitz
Kernbeißer, *Coccothraustes coccothraustes* 56, **57**
Kiebitz, *Vanellus vanellus* 16, **17**, 18
Klappergrasmücke 34, 37
Kleine Kalanderlerche *siehe* Wiesenlerche
Kohlmeise, *Parus major* 2, **3**
Krähe 107, 108
Krammetsvogel 88
Krankheiten, Vögel *siehe* Vogelkrankheiten
Kulinarische Verwendung von Vögeln 8, 49, 51, 88, 91
Kurzzehenlerche, *Calandrella brachydactyla* **117**

Leonardi, Vincenzo IV, VI
Lerche *siehe* besondere Lerchenarten

Medizinische Verwendung von Vögeln 6, 8, 11, 14, 25, 91, 106, 118, 120
Merlin 106
Milan 107, 108
Misteldrossel 88
Mönchsgrasmücke, *Sylvia atricapilla* 31–32, **32**, **33**, 63

Nachtigall, *Luscinia megarhynchos* 34, 37, 69–73, **70–71**, **73**, 75, 76, 78, 83, 84, 121
Nester 4, 19, 31, 34, 56, 65, 66, 69, 70, 79, 81, 84, 90–91, 98, 104, 107, 111, 112, 116, 121
Netze siehe Jagdtechniken

Ochsenfolger *siehe* Gebirgsstelze
Olina, Giovanni Pietro IV, VI, VII, IX
Ortolan, *Emberiza hortulana* 49, **50–51**, 51, **52**, 53, 91

Papagei 78

Rebhuhn 7, 8, 10, 11
Regenpfeifer *siehe* Goldregenpfeifer
Rosenstar, *Pastor roseus* **80**
Rotdrossel, *Turdus iliacus* 90, **90**
Rotkehlchen, *Erithacus rubecula* 12, **13**, 84
Rotschwanz *siehe* Gartenrotschwanz

Sakerfalke 108
Schafstelze, *Motacilla flava* 22, **24**, 24–25, 26
Schwalbe 90
Schwan 129
Schwanzmeise 2
Singdrossel, *Turdus philomelos* 88, **89**, 90, **90**, 91, **91**, 93, **133**
Sperling, heimischer *siehe* Italiensperling
Star, *Sturnus vulgaris* 79, 80, **80**, 81, **81**, **82**, 91
Steinfalke 106
Steinkauz 12, 26, 68, 103, 107, 108
Steinrötel, *Monticola saxatilis* **86**, **87**
Steinsperling, *Petronia petronia* 96, **97**
Stelzen *siehe* besondere Stelzenarten
Stieglitz, *Carduelis carduelis* 20, 30, **62**, 63, 98, 112, 116
Storch 129

Tanzvogel *siehe* Bachstelze
Taube 78 *siehe* auch Turteltaube
Tordalk 129
Turteltaube, *Streptopelia turtur* 14, **15**

Uccelliera IV, VI–IX
  Uccelliera, Stiche 6, 33, 52, 68, 73, 74, 77, 82, 87
Uhu, *Bubo bubo* 107–108, **109**

Valli da Todi, Antonio IV, VII
Verwendung von Federn 126
Vögel füttern, Ernährung 4, 7, 12, 18, 20, 25, 26, 28, 30, 34, 37, 42, 46, 48, 51, 55, 56, 61, 63, 65, 66, 68, 70–71, 72, 73, 75, 76, 80–81, 82, 84, 91, 95, 96, 98, 100, 103, 106, 116, 121
Vogelkrankheiten 7, 12, 28, 31, 37, 42, 48, 53, 63, 68

Wachtel, *Coturnix coturnix* 7–8, **8–9**
Waldlaubsänger, *Rhadina sibilatrix* **36**
Weiße Taube 14
Wiedehopf, *Upupa epops* 4, **5**, 6, **6**
Wiesenlerche 124, 125
Würger 98, 106

Zaunammer, *Emberiza cirlus* 47–48, **48**
Zaunkönig 108
Zeisig 19–20, **21**, 112
Zitronenzeisig, *Carduelis citrinella* **43**

Danksagung

Der Royal Collection Trust dankt den folgenden Kollegen für ihre Unterstützung bei der Zusammenstellung dieser Publikation: Rea Alexandratos, Polly Atkinson, Brian Clarke, Kate Clayton und James Stedman von First Edition Translations, Jacky Colliss Harvey, Kate Heard, Sarah Kane, Nick Finegold und dem Team von Zebra, Helen Macdonald, Ocky Murray, Vicki Robinson, Simon Toop, Debbie Wayment and Eva Zielinska-Millar.

Singdrossel (leuzistisch)
Aquarell- und Deckfarbe über schwarzer Kreide, RCIN 927688

EXPLORE THE ROYAL COLLECTION AT
royalcollection.org.uk

Mehr über Kunstwerke der Königlichen Sammlung erfahren Sie unter:
www.royalcollection.org.uk

Die Originalausgabe erschien 2018 unter dem Titel *Pasta for Nightingales* bei
Royal Collection Trust
York House
St James's Palace
London SWIA IBQ

Die Übersetzung aus dem Italienischen finanzierte SEPS - SEGRETARIATO EUROPEO PER LE PUBBLICAZIONI SCIENTIFICHE, Via Val d'Aposa 7, 40123 Bologna (Italien) seps@seps.it

Übersetzung aus dem italienischen Original von Kate Clayton über
First Edition Cambridge, UK

Layout: Ocky Murray
Produktionsmanagement: Debbie Wayment

Aus dem Englischen von Anke Wagner-Wolff

Satz und Redaktion: twinbooks, München

Printed and bound in Italy by Graphicom srl
ISBN 978-3-8369-2148-0

www.gerstenberg-verlag.de

Umschlagillustrationen: Gemeine Nachtigall, RCIN 927607 (oben), Europäisches Rotkehlchen, RCIN 927626 (unten)
Seite V: Voliere, Stich aus *Uccelliera*, 1622, fol. 67v (unten)